应急地理信息集成服务理论与方法

Theory and Method of Emergency Geographic Information Integration Service

毛曦　路文娟　程瑶　王继周　张子民　陶坤旺　著

测绘出版社

·北京·

内容简介

应急地理信息是了解灾情、指挥决策、抢险救灾、应对突发事件的基础。本书阐述了应急地理信息服务的基本概念，讨论了可计算的突发事件应急响应模型、应急响应集成建模与服务技术等，最后介绍了应急地理信息集成分析服务系统实例。

本书适合测绘、遥感、地理信息、管理等相关领域的科研、生产、管理、开发人员使用，也可供大学地理科学、测绘工程、地理信息系统专业的高年级本科生、研究生参考使用。

图书在版编目(CIP)数据

应急地理信息集成服务理论与方法 / 毛曦等著 . --
北京 : 测绘出版社 , 2024.5
　　ISBN 978-7-5030-4479-3

　　Ⅰ . ①应… Ⅱ . ①毛… Ⅲ . ①地理信息系统—研究
Ⅳ . ① P208

中国国家版本馆 CIP 数据核字 (2024) 第 056461 号

应急地理信息集成服务理论与方法
Yingji Dili Xinxi Jicheng Fuwu Lilun yu Fangfa

| 责任编辑 | 安　扬 | 封面设计 | 李　伟 | 责任印制 | 陈姝颖 |

出版发行	测绘出版社	电　话	010—68580735（发行部）	
地　址	北京市西城区三里河路 50 号		010—68531363（编辑部）	
邮政编码	100045	网　址	https : //chs.sinomaps.com	
电子信箱	smp@sinomaps.com	经　销	新华书店	
成品规格	169mm×239mm	印　刷	北京建筑工业印刷有限公司	
印　张	13.625	字　数	266 千字	
版　次	2024 年 5 月第 1 版	印　次	2024 年 5 月第 1 次印刷	
印　数	001—600	定　价	78.00 元	

书　号　ISBN 978-7-5030-4479-3
本书如有印装质量问题，请与我社发行部联系调换。

前　言

当前，我国正处在经济发展与社会转型的关键时期，各种自然的和社会的、国际的和国内的深层次风险、矛盾交织并存。由于人类对资源环境的过度开发和破坏，各类灾害等突发事件越来越频繁。这些突发事件具有如下特性：一是突发性或非预期性，二是巨大的危险性，三是紧迫性，四是不确定性。应急测绘是保障突发事件应急处置工作高效有序运行、妥善预防和处置各类突发事件的基础。应急地理信息是为突发事件应急处置和防灾减灾提供支撑的专题地理信息，在突发事件应急处置和防灾减灾中具有不可或缺的重要作用，成为了解灾情、指挥决策、抢险救灾、应对突发事件的基础。通过及时启动测绘应急保障预案，开展地理信息的已有资料提供、测制更新、统计分析和分发服务工作，达到及时了解地表覆盖、生态环境等方面的变化情况和预测预警信息的目的，在重大自然灾害、社会公共安全以及日常的突发事件应急处置中发挥着日益重要的作用。

本书在分析、总结现有国内外应急测绘发展状况的基础上，重点阐述应急地理信息集成服务技术。全书共分为9章：第1章介绍了国内外应急响应、应急测绘以及空间信息集成服务的发展状况；第2章介绍了知识表达、网络服务组合以及信息抽取等相关理论；第3章阐述了突发事件应急响应模型的理论和方法；第4章探讨了模型服务系统的结构、模型管理、模型耦合等关键问题；第5章探讨了基于本体的应急地理信息集成服务案例形式化表达技术；第6章探讨了面向众源数据的应急地理信息集成服务案例的信息抽取技术；第7章探讨了案例驱动的应急地理信息集成服务组合技术；第8章以手机信令数据为例，探讨了基于众源数据的应急地理信息服务应用；第9章介绍应急地理信息集成分析服务系统的主要功能。尽管本书所阐述的各项技术已经应用于"国家应急测绘保障能力建设项目"，但是由于应急测绘涉及的理论知识广、技术复杂，书中所介绍的内容难免与工程实践有偏差，恳请读者批评指正。

本书研究得到中国测绘科学研究院基本科研业务费项目"面向应急测绘的空间集成分析建模框架研制"的资助。

目录

第1章 概 述

我国地形地貌复杂多样,除了各类自然灾害,随着社会经济的高速发展,爆炸、火灾等事故灾难频发。各类突发事件造成了巨大的经济损失。从范围上看,2022年全国因灾直接经济损失过百亿元的有10个省份。应急救灾是我国面临的一个重大挑战。随着自然环境的变化及社会经济活动的日益频繁,各种灾害在我国表现出了新的特点:各种自然灾害发生频率增高,影响范围不断扩大,影响程度不断加深,经济损失逐年升高;各种事故预防与处置面临的形势十分严峻,道路交通、建筑施工、危险品储运、采矿等领域的重特大事故时有发生;传染性疾病暴发流行、重大食品安全事故等突发公共卫生事件的不确定性不断增大。一直以来,测绘技术在灾害预警、应急救援、灾后重建等过程中发挥着不可替代的作用。

1.1 应急响应基本概念

根据2007年开始实施的《中华人民共和国突发事件应对法》,突发事件是指突然发生,造成或者可能造成严重社会危害,需要采取应急处置措施予以应对的自然灾害、事故灾难、公共卫生事件和社会安全事件。

突发事件通常具有如下一些特点:

(1)突发性,即事件发生之前通常没有明显的征兆。

(2)不可预知性,即事件发生的时间、地点,以及事件的类型、规模等都难以事先得知。

(3)多样性,即事件的类型多种多样,特点各异。

(4)复杂性,即事件涉及的因素众多,关系复杂。

突发事件的应对过程(应急)包括三个连续的阶段:应急准备阶段、应急响应阶段和应急恢复阶段。应急准备阶段是指突发事件发生前的正常时期。这一阶段的主要任务有组织应急人员、制定应急计划、进行应急训练、准备应急物资和装备等。主要目的有两个方面:①通过一定的措施来防止突发事件的发生;②为突发事件的应急响应提供物资、人员以及信息和知识等方面的准备。应急响应阶段是指从事件发生到事件得到有效控制的这一段时期。主要任务包括感知或监测事件的发展状况、调度资源执行应急任务、协调不同应急部门、修复受损的设施等。目的是能够迅速地控制事件的发展,降低因事件而造成的人员和财产损失以及环境破坏。应急恢复阶段是指从事件得到控制到事件影响被完全消除、社会秩序恢复到正常状态的这一段时期。主要任务有修复受到破坏或影响的基础设施、生态环境、生活或生产设施、管理和服务机构等。目的是恢复受到事件影响的基础设施、生产和生活秩序以及自然环境。

突发事件应急的三个阶段相辅相成，共同构成了完整的突发事件应急生命周期。在一次突发事件发生之前，应急处于以减灾为目的的应急准备阶段。当突发事件发生之后，应急进入突发事件的应急响应阶段。当直接处置完成之后，应急转入以恢复为目标的应急恢复阶段。当所有恢复工作完成之后，针对此次突发事件的应急结束，应急又进入为下一次可能发生的突发事件做准备的应急准备阶段。

应急响应阶段是突发事件应急生命周期中的一个关键阶段，直接决定着突发事件最终造成的危害程度。受突发事件特点的影响，应急响应具有周期短、时间紧、压力大等特点。突发事件通常发生很快，且会在短时间内造成大的影响和破坏，因此，应急人员必须在很短的时间内实施应对措施，以最大程度地降低因突发事件而造成的损失。另外，由于突发事件具有复杂性，应急人员需要面对各种可能的情况，并根据事件的发展状况和多种信息统一安排和协调多方面的应急资源。这种繁重的工作通常会给应急人员带来巨大的压力，并使他们更容易做出不合理的决策。应急响应的特点决定了应急响应过程的复杂性：一方面，参与到突发事件应急响应中的部门和人员众多；另一方面，参与者之间往往需要进行大量而频繁的信息交互。

1.2　国内外应急预案建设发展状况

1.2.1　我国突发公共事件应急预案体系

我国突发公共事件应急预案体系建设起步较晚，但在2003年的"非典"疫情大暴发之后，我国加快了突发公共事件应急机制和预案体系的建设。2003年5月，国务院颁布了《突发公共卫生事件应急条例》。2003年12月，国务院成立了应急预案工作小组。2005年4月，国务院印发《国家突发公共事件总体应急预案》。此后，各个省、自治区、直辖市也相继制定了各自的总体应急预案。目前，我国突发公共事件应急预案体系已经建立。

《国家突发公共事件总体应急预案》(简称《总体预案》)是全国应急预案体系的总纲，是指导预防和处置各类突发公共事件的规范性文件，明确了各类突发公共事件分级分类和预案框架体系，规定了国务院应对特别重大突发公共事件的组织体系、工作机制等内容。在《总体预案》中，突发公共事件被定义为突然发生，造成或者可能造成重大人员伤亡、财产损失、生态环境破坏和严重社会危害，危及公共安全的紧急事件。突发公共事件分成四个类型：①自然灾害，主要包括水旱灾害、气象灾害、地震灾害、地质灾害、海洋灾害、生物灾害和森林草原火灾等；②事故灾难，主要包括工矿商贸等企业的各类安全事故、交通运输事故、公共设施和设备事故、环境污染和生态破坏事件等；③公共卫生事件，主要包括传染病疫情、群体性不明原因疾病、食品安全和职业危害、动物疫情以及其他严重影响公众健康和生命安全的事件；④社会安全事件，主要包括恐怖袭击事件、经济安全事件、涉外突发事件等。同时，按照各类突发公共事件的性质、严重程度、可控性和影响范围等因素，突发公共事件分为四个等级：Ⅰ级（特别重大）、Ⅱ级（重大）、Ⅲ级（较大）和Ⅳ级（一般），并分别对应用红色、橙色、黄色和蓝色依次表示的四个预警级别。

《总体预案》规定，国务院是突发公共事件应急管理工作的最高行政领导机构，在国务院总理领导下，由国务院常务会议和国家相关突发公共事件应急指挥机构负责突发公共事件的应急管理工作；必要时，派出国务院工作组指导有关工作。国务院办公厅设国务院应急管理办公室，履行值守应急、信息汇总和综合协调职责，发挥运转枢纽作用；国务院有关部门依据有关法律、行政法规和各自职责，负责相关类别突发公共事件的应急管理工作；地方各级人民政府是本行政区域突发公共事件应急管理工作的行政领导机构。同时，根据实际需要聘请有关专家组成专家组，为应急管理提供决策建议。

《总体预案》中确定的全国突发公共事件应急预案体系包括：

（1）突发公共事件总体应急预案。总体应急预案是全国应急预案体系的总纲，是国务院应对特别重大突发公共事件的规范性文件。

（2）突发公共事件专项应急预案。专项应急预案主要是国务院及其有关部门为应对某一类型或某几种类型突发公共事件而制定的应急预案。

（3）突发公共事件部门应急预案。部门应急预案是国务院有关部门根据总体应急预案、专项应急预案和部门职责为应对突发公共事件制定的预案。

（4）突发公共事件地方应急预案。具体包括：省级人民政府的突发公共事件总体应急预案、专项应急预案和部门应急预案；各市（地）、县（市）人民政府及其基层政权组织的突发公共事件应急预案。上述预案在省级人民政府的领导下，按照分类管理、分级负责的原则，由地方人民政府及其有关部门分别制定。

（5）企事业单位根据有关法律法规制定的应急预案。

（6）举办大型会展和文化体育等重大活动，主办单位应当制定应急预案。

1.2.2　美国突发事件应急计划体系

美国突发事件应急计划制定较早,而且经过不断的修订和改进之后,其体系相对于其他国家较为完善,特别是在"9·11"事件之后,美国对其应急计划体系进行了很大的变革,并逐渐发展,2008年1月提出《国家应急响应框架》(National Response Framework, NRF)。

1992年,美国联邦应急管理局制定了《联邦应急响应计划》(Federal Response Plan, FRP)。这个计划主要确定了联邦政府在突发事件应急响应中的角色、责任和应当采取的行动。"9·11"事件发生之后,美国成立了国土安全部来统一应对国内发生的各种突发事件和危机。为了能够保障对不同类型事件的有效和高效的处置,美国国土安全部于2004年制定了《国家应急响应计划》(National Response Plan, NRP),并取代了原有的FRP。NRP构建了一个共同的事件管理和响应原则,并将不同级别的政府机构统一纳入一个共同的事件管理框架。然而,经过卡特里娜飓风等事件之后,NRP被普遍认为未清楚地规定应急响应所涉及的不同部门和机构在事件处置中的角色和职责,同时,对于应急管理者而言,NRP及其支持文档也未能提供一个真正可操作的计划。2008年,美国国土安全部制定了NRF来取代NRP。NRF中规定了联邦及各级政府、私有企业、非政府组织等在应急响应中各自的职责和任务。NRF由五个部分组成:核心文档、应急支持职能附件、支持附件、事件附件和伙伴向导(图1.1)。

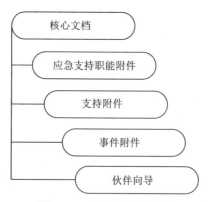

图 1.1　NRF 的组织结构

核心文档描述了国家处理和响应突发事件时遵循的原则,承担的角色和责任,实施的响应行为、响应组织,以及实现对各种突发事件都能有效响应所需要的计划。它的主要内容包括:①角色和责任,说明了在应急管理行为中需要涉及的各级部门、机构和组织(Who);②响应行为,描述了国家如何对突发事件进行响应(What);③响应组织,描述了国家如何组织和实施不同的响应行为(How);

④计划，描述了国家应急计划的结构。

应急支持职能附件将联邦政府在应急中经常使用的资源和能力按照职能划分到不同的领域下，并描述了在应急准备、应急响应、应急恢复等不同阶段实施这些职能的主要过程和流程，包括机构、应急行为、应急目标、基本原则等。目前，应急支持职能附件共包括 15 项职能计划，每项计划的实施都需要 3 类机构的协同工作，即协调机构、实施机构和支持机构。

在突发事件处置过程中，通常需要很多程序和管理职能来支持事件的管理。支持附件描述了联邦、州、部落和地方的相关机构，私有企业，志愿组织，以及非政府组织如何协调和执行这些程序和职能，以确保有效以及高效的事件管理。支持附件中描述的行为几乎在每种事件中都需要，并且可能会支持几个应急支持职能的实施。目前，支持附件定义了 8 个方面的支持计划：重要基础设施和关键资源、财务管理、国际协调、私有企业和组织的协调、公共事件、与部落间的关系、志愿者和捐赠的管理，以及工人的安全与健康。每个支持计划都由一个或多个协调机构来管理，并由很多的协作机构提供支持。协作机构指那些具有特定专业技能和能力来帮助协调机构执行与事件相关的任务或行动的实体，负责计划中规定的详细的行动方案的实施。

事件附件描述了解决特定的紧急事件或危机需要的操作计划。NRF 框架中共制定了多个事件计划：生物事件、灾难性事件、信息事件、粮食与农业事件、核与放射性事件、石油与有害物质事件，以及恐怖主义事件等。每个事件计划中都描述了处理该事件的行动路线、情景和操作计划，并且指定了该事件在不同规模下的协调机构和协作机构，以及各自的职责。

伙伴向导为应急中涉及的联邦、州、部落和地方的相关机构以及私有企业提供现成的资料，以描述它们在应急管理中各自的角色和应当实施的行为。

NRF 的整个框架构建在一个国家事件管理系统（National Incident Management System, NIMS）之上。NIMS 由美国国土安全部于 2004 年设计，目的是提供一个能够使联邦、州、部落和地方的相关机构以及私有企业和非政府组织一起协同工作来应对（包括准备、预防、响应和恢复）不同类型、规模、复杂程度的突发事件的一致的国家级的模板。这个模板由一系列可广泛用于各种类型突发事件管理的概念、原则、程序、机构组织过程、术语和标准需求等要素构成。要求不同的组织和机构都基于该模板定义并管理其应急计划任务和活动，以此达到使参与突发事件处置的组织和机构能够进行互操作和任务互相兼容的目的。NIMS 中定义的标准的事件指挥结构由三个关键的组织系统组成：事件指挥系统（Incident Command System, ICS）、多机构协调系统和公共信息系统。事件指挥系统是一个管理系统，它将突发事件管理中涉及的设施、设备、人员、程序和通信操作都集成到一个共同的组织结构下，以实现对突发事件进行有效和高效率的管理。在事件指挥系统中,事件管理任务被划分为5个职能区:指挥、操作、计划、后勤、财政与管理(图1.2),并且确定了每个职能区的主要组织和人员构成、职能、突发事件管理程序等。多机构协调系统由集成到一个共同系统中的设施、设备、人员、程序和通信操作组合构成,负责协调和支持突发事件管理的各种行动。它的主要职能包括为事件管理的策略和优先权的制定提供支持,推动后勤保障和资源跟踪,通告依据事件管理优先权确定的资源分配计划,协调与事件相关的信息,协调多个机构、政府间涉及的事件管理政策、优先权和策略的问题。公共信息系统指在突发事件过程中为了能够及时、准确地将信息发布给公众而需要的过程、程序和系统。通常,它由联合信息系统(joint information system, JIS)和联合信息中心(joint information center, JIC)组成。

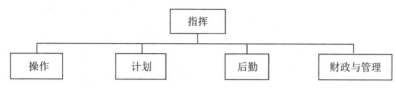

图 1.2　ICS 定义的事件管理任务的职能划分

除以上联邦政府制定的各项应急预案和计划之外,美国各个州和地方政府也制定了自己的应急预案和计划。

通过对我国的应急预案体系与美国的应急计划体系进行比较,发现我国的预案体系还很初步,其中最主要的问题体现在两个方面:

(1)预案中对应急响应的机构及其相应的职责定义不明确。在我国的突发事件各个专项应急预案中,并未详细说明在事件的不同阶段(准备、响应、恢复)如何组建相应的应急处置、协调和支持机构以及这些机构在应急响应中的具体任务。相反,美国的应急计划对于各个机构的组成成员、机构间的关系以及机构的职责规定得很明确。

(2)预案中缺乏对应急管理的支持。美国国土安全部设计的 NIMS 为应急管理提供了很好的支持,而且 NRF 是在 NIMS 的基础上设计的,因此,在事件处置过程中,组建的各级机构及其使用的资源都能够映射到 NIMS 所定义的统一的命名、术语上,而且 NIMS 还提供了标准的表单模板来使在事件处置过程中产生的文档一致化,这些都极大地方便了应急过程中信息的交换以及应急过程的管理和监控。

然而,不论是我国的应急预案体系还是美国的应急计划体系,都未对需要在应急响应的指挥机构、协调机构和协作机构间传输的信息的内容、来源以及产生途径等进行明确说明,这给机构间的信息有效联动造成了巨大的障碍。

1.3　国内外应急响应建模技术发展状况

在应急响应过程中，决策者需要了解来自很多部门和机构的信息，并在这些信息的基础上迅速地做出判断和决策。然而，很多因素影响着决策者做出合理的判断。一方面，机构人员的频繁调动和事件发生的低概率，使得决策者很难获得足够的处理事件的经验和知识。另一方面，在事件响应过程中决策者通常要面对多方面的压力，如时间紧、疲劳、应对复杂多变的事件、应对媒体等，这些压力将对响应者造成很大的影响。因此，为了能够辅助应急决策者和操作者对突发事件进行有效的响应，很多研究工作试图通过对应急响应过程进行建模来为响应者提供更直接的决策和行为的指导。这些研究主要集中在事件建模、灾害评估、应急撤离建模、资源分配和应急响应系统建模等方面。

1.3.1　事件建模

事件建模是对造成突发事件的因素和影响事件发展的环境进行建模，并通过仿真手段来预测事件的演化趋势和影响范围。事件建模与特定的专业领域紧密相关，通常由不同领域的研究人员来完成模型的构建。目前，在应急响应中得到普遍应用的事件模型包括用于核辐射和化学品事故的大气传输模型、用于火灾事故的火动力学模型、用于飓风灾害的预测模型、用于洪水灾害的水文模型等，而对于其他类型的一些事件，如地震、海啸等，当前仍然缺乏有效的预报模型。

由于突发事件需要在短时间内进行响应，因此，事件建模通常都在应急准备阶段完成，并集成在应急响应信息系统中。事件的预测经常会涉及多个模型，如Chang等（1997）使用了爆炸、喷射和传输三个模型来模拟化学品在大气中的扩散。应对不同类型的突发事件也需要多种模型的支持，如在意大利伦巴第大区为应对该地区多发的工业事故而开发的集成建模系统中就包含了针对不同类型工业事故的仿真模型（Quaranta et al., 2002）。这些模型通常被组织在应急响应信息系统的模型库中，当突发事件发生时，可以根据事件的类型实时调用特定的事件模型来生成重要的事件信息。

对于应急响应辅助决策和分析来说，事件建模的一个重要作用是能够预测不同时刻事件的影响范围和危害程度，并且基于范围和程度可以确定事件响应的应急计划区（cmergency planning zone，EPZ）。应急计划区是指在事件发生地点周围划定的、具有应急响应需求的特定区域。该区域内的人会受到事件的影响。对于一些发生地点固定的事件，如工业事故、核辐射事件等，应急计划区通常是事先划定的，是在应急响应计划中被明确规定的，如美国核管理委员会规定核电厂周围半径为16 km的区域为应急计划区。对于发生地点随机且具有预测模型的事件可以使用事件模型来实时确定应急计划区，如 Tufekci（1995）设计的飓风应急决策支持系统使用预测和追踪模型来获取飓风的影响范围。对于发生在封闭环境（如建筑物、体育馆、飞机等）内的事件，事件应急计划区即为该封闭环境的内部（Church et al.，2000）。应急计划区不仅对于组织事件处置和救援非常重要，而且也是进行进一步决策分析所需要的。

事件建模的一个重要问题是模型精度和数据的实时获取。模型精度取决于模型本身，并直接影响着事件预测的准确程度和应急响应的效果。为了适应各个领域中不断构建的高精度模型，很多应急响应信息系统都采用了模块化或组件式的模型库设计方法（Tufekci，1995）。当更高精度的模型被开发出来时，这种设计可以使已有的模型被方便地替换。数据的实时获取是模型获得更高精度的结果的重要保障。输入模型的数据与实际数据的误差越小，模型计算出的结果越可靠。由于模型所需要的数据经常来自多个部门，因此，一些研究者使用集成技术将多个系统和数据库与应急响应信息系统进行集成，来实时地获取模型计算所需要的数据。另外，无线传感器网络也开始在事件源相关数据的获取上被使用。集成的应急响应信息系统免去了大量人工的数据输入工作，最新的数据可以快速地被模型所使用，因此可以用于突发事件的实时响应支持中。但是，这些系统的一个缺点是缺乏扩展的能力。很多系统都是为特定区域的某种事件而设计的，数据的集成模块往往与系统紧密地绑定，很难用到其他类型事件的应急响应信息系统中。这就导致很多系统都需要开发一些集成的模块来取得所需要的数据，而这些模块之间很可能有重复。

1.3.2　灾害评估

灾害评估是对突发事件造成的损害进行量化的过程。在应急响应阶段，受灾的人员、设施和财产通常是灾害评估的主要对象，而且对于不同事件，灾害评估的内容存在差异。核辐射和化学品事件主要评估遭受不同等级伤害的人员的数量和分布，而地震、海啸、飓风、洪水等事件还需要对遭受不同程度破坏的房屋、建筑和设施进行评估。灾害评估的主要目的是获得突发事件所造成的灾害的空间分布和规模，从而为应急决策者实施组织救援和调配物资等活动提供帮助。

灾害评估通常基于事件的影响范围或应急计划区做出，统计方法是常用的评估方法，而且由于难以快速获得事件影响区的数据资料，因此往往使用经验公式。在我国台湾，为了应对多发的地震灾害而建立的快速预报系统，根据以往的数据采用回归方法分别建立了地面峰值速度（peak ground velocity，PGV）和地面峰值加速度（peak ground acceleration，PGA）与死亡率、家庭房屋全部倒塌比率、家庭房屋部分倒塌比率之间的关系，而 PGV 和 PGA 可以从分布在台湾岛的

650个强活动检测站快速获得（Wu et al.，2002）。Roca等（2006）基于建筑物普查数据，使用高度、建造年代和位置三个特征对建筑物的脆弱性进行了分类，并根据经验公式建立了描述不同脆弱性等级和不同危害级别之间关系的危害概率矩阵，基于该矩阵对地震所造成的房屋损毁、受灾人员和经济损失进行了评估。

值得注意的是，以上评估方法需要很多基础资料的支持，其中，人口、建筑物的分布是最重要的基础数据。对于很多基础普查数据并不完善的地区，这种方法往往难以开展应用。此时，利用遥感方法进行灾害评估往往是较好的选择。例如，在早期的应用探索中，Rivereau（1995）对SPOT资源卫星在灾害预防和评估中的应用进行了评价。

1.3.3 应急撤离建模

应急撤离是很多突发事件应急响应需要实施的一项任务。撤离行为的一个特点是要在较短的时间内将撤离区内的大量人员转移至撤离区之外。撤离区在应急计划区和灾害评估的基础上确定，或者通过一些观测手段确定。在撤离活动中，由于交通网络所提供的容量通常很难满足大量撤离者的交通需求，因此，无控制下的撤离行为一般都会产生严重的拥堵现象，从而大大延长了撤离的时间，使更多的撤离者处于危险之中。为此，很多研究者希望通过对撤离过程进行研究，为决策者提供更多有关撤离活动的信息，并且通过设计一定的优化策略和交通控制手段来提高撤离行为的效率。

建模和仿真是应急撤离研究采用的主要方法。对应急撤离过程中的个体、环境、行为和响应策略等因素建模，利用仿真的方法模拟撤离过程中撤离者的分布，计算撤离时间，分析发生拥堵的交通网络节点，设计优化策略和交通控制等是应急撤离模型研究的典型特征。Southworth（1991）给出了区域性撤离建模的五个主要步骤：撤离产生建模、撤离起始时间分布建模、撤离目的地选择建模、撤离路径选择建模和外部响应策略建模。

撤离产生建模是对撤离规模进行估计。撤离过程中，撤离规模通常由很多种撤离需求组成，Southworth（1991）对这些撤离需求进行了详细的讨论。为了量化的方便，Urbanik（2000）将因撤离而产生的交通流量划分成五种来源：常住居民撤离、常住居民返回、临时人员撤离、特殊单位撤离和背景交通。常住居民的撤离数量普遍采用区域的人口统计数据和一些经验数据来计算，如单位家庭人口数、单位家庭车辆拥有数、撤离比例等。由于常住居民返回被认为与家庭成员准备撤离的活动同时发生，且家庭成员只有在汇合之后才会开始撤离，因此常住居民返回不会对撤离时间产生影响。但是，如果增加一些交通控制措施（如单向车道控制），常住居民返回产生的逆向交通量就必须被考虑。Southworth（1991）

基于人口普查数据估计了分别在工作地点、学校和家中的家庭成员的比例，并使用它们来估算不同节点上的撤离量的组成。相同的方法可以被用于常住居民返回的计算，但事件发生的时间必须被考虑。例如，与发生在普通工作日白天的事件不同，在发生在夜晚或周末白天的事件中，这些比例会有很大的差别。Lindell（2008）采用旅馆房间数量、占有率、使用交通网络进行撤离的比例等估计数据对临时人员的撤离交通量进行了计算。特殊单位撤离的计算往往有较大的难度：一个原因是影响特殊单位撤离需求和运输能力的因素很难确定，如撤离时医院的病人数量、运送车辆数量、车辆载客量、学校的在校人数、校车数量等；另一个原因是不同类型的单位之间的撤离效率存在很大差异，如监狱撤离时为保障安全和秩序，装载人员的时间往往较长。Urbanik（2000）建议针对每种类型的单位做有代表性的调查，并建立撤离规模的估计方法。另外，在将这些方法应用到其他地区前，仔细的评估和必要的修正往往是必需的。背景交通产生的交通量一般不被考虑，原因是在各项应急响应任务中，封闭进入应急计划区的入口通常具有较高的优先级，因此，在撤离指令下达时，绝大部分背景交通已经被消除。

撤离起始时间分布建模决定了不同时刻撤离路径系统（evacuation route system，ERS）中实际的交通量。撤离路径系统是指应急计划区中撤离者所使用的交通网络。撤离过程中人的行为研究揭示了影响个人撤离行为的众多因素（Dow et al.，2002），其中包括个人对危险的察觉、个人的社会经济状况、撤离指令传达系统等。由于对很多因素进行直接量化存在一定的困难，因此，经验数据和统计数据被普遍使用来估计撤离起始时间分布。响应曲线是常用的预测撤离起始时间分布的方法，通常表示为不同时刻开始撤离的撤离者的累计百分比。Lindell 等（2008）基于经验数据建立了不同的响应曲线公式。佛罗里达州立大学有学者基于以往飓风事件撤离过程的观察记录开发了慢、中、快三个响应曲线（图1.3），分别表示居民对于飓风撤离警告的响应速度。Chen 等（2006）使用慢响应曲线和基于2天实际撤离数据进行外插两种方法来对佛罗里达某地区的飓风撤离进行了研究。概率方法也被广泛应用于个人对应急撤离的响应研究中。由于个人撤离行为被认为可以由一系列事件引发，包括收到撤离指令、评估撤离的必要性、确定撤离路线、撤离前的准备、开始撤离等，而且一个事件的发生只依赖于它的前导事件，即事件发生的概率是该事件的前导事件的条件概率，因此，一个事件的概率可以通过将该事件的所有前导事件的独立概率相乘求得，而事件的独立概率可以通过经验数据进行估计。Urbanik（2000）在对核电厂事故的撤离研究中，将引发撤离行为的事件序列划分成五个，即发出撤离警告、收到撤离警告、离开工作地点、到达家和离开家，通过对不同时刻每个事件发生的概率进行估计，给出了不同时刻居民撤离行为发生的概率。Zhao（1999）设计了一个预期多响应的方法来实现应急撤离事件建模。在该方法中，事件可能触发的不同信号（如警铃、烟雾、居民的警告、消防员的警告）所导致的居民撤离被分别建模，在特定时刻决定撤离的人被称为一个预期响应子群，子群的规模（包含的人数）是初始总人数、信号发生的概率、人对信号进行响应的概率和响应时间分布的函数。Pires（2005）采用值网络的方法分别对不同时刻个人开始撤离的概率和每个时刻引起个人撤离的连续事件的概率进行了建模。图 1.4 是该方法用于火灾撤离建模的演示，其中，图 1.4（a）为对不同时刻个人开始撤离的概率进行建模的连续值网络，图 1.4（b）为对图 1.4（a）中某个时刻的撤离事件的概率进行建模的单值网络。如图 1.4 所示，FES 表示火灾事件，SE 表示撤离行为发生，$\overline{SE}$ 表示撤离行为不发生，$P(SE)$ 和 $P(\overline{SE})$ 分别表示撤离行为发生和不发生的概率，$P(SE_{tn})$ 和 $P(\overline{SE_{tn}})$ 分别表示 t_n 时刻撤离行为发生（SE_{tn}）和不发生（$\overline{SE_{tn}}$）的概率，$P(on)$、$P(se)$ 和 $P(cp)$ 分别表示个人在 t_n 时刻察觉到火灾事故、决定撤离和找到合适撤离路线三个事件的概率，$P(\overline{on})$、$P(\overline{se})$ 和 $P(\overline{cp})$ 分别表示不发生以上三个事件的概率。

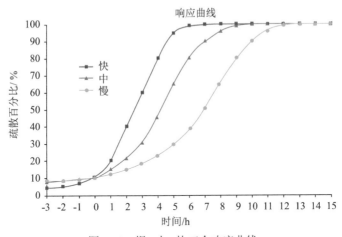

图 1.3　慢、中、快三个响应曲线

撤离目的地选择建模表示撤离者从应急计划区所有出口中选择自己离开撤离区的出口的策略。Southworth（1991）给出了目的地选择的四种可能方法：最近的出口、根据亲戚或朋友的所在位置和灾害来临的速度选择出口、选择撤离计划中指定的出口、根据撤离路径系统中的交通条件选择出口。真实事件中出口的选择受到事件的紧急情况、个人的社会经济状况、个人对事件和环境的熟悉程度、教育情况等很多因素的影响，而且当灾害发生时很多人由于时间紧迫而在缺乏充分考虑的情况下就做出选择，这使得出口选择往往显得比较复杂。然而，一些固定的模式通常出现在不同的事件中，并作为出口选择研究的依据。当事件非常紧急时，如化学品事故或火灾，人们更倾向于选择最近的出口；而对于飓风、洪水等事件，由于避难场所的影响，亲戚或朋友的位置对于出口选择起着重要的作用；对于城市地震灾害而言，撤离计划中指定的避难所一般成为首选的撤离目的地（Yamada，1996）。Shields 等（2000）在对英国四家百货商店进行的撤离实验中还发现，处在多层商店中的顾客更多地选择最熟悉的出口撤离，而位于一层商店中的顾客则较多地选择最近的出口或遵循工作人员的引导。第四种选择的方法要求个人能够根据撤离路径系统中的交通情况选择一个可以满足既定目标的撤离出口。实际上，这种方法包含在撤离路径的选择中。

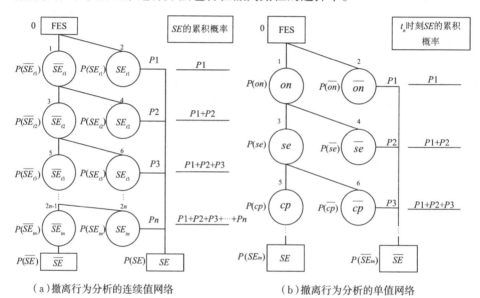

（a）撤离行为分析的连续值网络　　　　　（b）撤离行为分析的单值网络

图 1.4　值网络用于火灾撤离建模

撤离路径选择建模需要解决交通分配的问题。由于以往的静态交通分配方法难以反映撤离过程中车辆的时空分布，并且也很难适应应急过程中可能存在的网络条件的不断变化，如灾害导致的道路网络容量降低或阻塞，因此，动态交通分配（dynamic traffic assignment，DTA）方法得到了普遍的重视和应用（Shields et al.，2000）。该方法能够在较短的时间间隔内根据最新的网络状况和分配策略将撤离需求分配到交通网络中，并对网络中的撤离者进行跟踪，因此可以更好地描绘出撤离的过程。撤离研究中采用的交通分配策略主要有局部优化和全局优化。局部优化只对与当前节点相连的路段按照一定的原则进行评估，并从中选择一条作为撤离的路段。全局优化要对连接当前节点和撤离目的地的所有路径进行评估，并选择满足目标条件的路段作为下一个撤离路段。目前，在应急撤离中使用的优化原则包括最短路径、最大交通流、最小费用流、最快交通流、最小冲突。其中，确定最小费用流是最基本的网络流优化问题，其他优化问题一般可以通过对最小费用流的重新定义实现。典型的最小费用流问题的定义如下（Ahuja et al., 2005）：

设 $G=(N, A)$ 是一个交通网络系统，其中 N 为包含 n 个交通网络节点的节点集合，A 为包含 m 个交通网络弧段的弧段集合，弧段 (i, j) 上单位交通流量的费用为 C_{ij}，弧段 (i, j) 上可通过的最大交通流量为 U_{ij}，弧段 (i, j) 上必须持有的最小交通流量为 l_{ij}（该值通常为 0），节点 i 的交通供应或需求量为 $b(i)$，弧段 (i, j) 上的交通流量为 X_{ij}，弧段 (j, i) 上的交通流量为 X_{ji}，则网络最小费用流问题可表示为在网络中寻找总费用最小的可行路径。最小化 $\sum_{(i, j) \in A} C_{ij} X_{ij}$，并满足 $\sum_{\{j: (i, j) \in A\}} X_{ij} - \sum_{\{j: (j, i) \in A\}} X_{ji} = b(i)$，其中，$\forall i \in N$，$l_{ij} \leqslant X_{ij} \leqslant U_{ij}$，$\forall (i, j) \in A$，表示起点流入量减流出量，即允许通过的最大流量。此处，最小费用流问题存在可行路径的必要条件为 $\sum_{i=1}^{n} b(i) = 0$。

建模中的外部响应策略指应急响应者为提高撤离的效率和效果而实施的一些对撤离行为的干预措施。这些策略通常与撤离路径选择方法集成在一起，并在实际中通过一些交通控制措施来实施。通过对响应策略的建模，应急响应者可以将一定的干预措施施加到应急撤离过程中，并比较不同的响应行为对应急撤离效率和效果的影响，从而为应急决策和应急计划的修订提供帮助。目前，阶段性撤离、基于反向车道的交通控制、路口交通控制是应急撤离过程中主要的控制策略。阶段性撤离是将撤离区按照风险等级或灾害到来的时间划分成具有不同紧急级别的撤离区域，高紧急撤离区被赋予较高的优先级并在较早的时间开始撤离，低紧急撤离区的优先级较低并在较晚的时间开始撤离，这样可以避免大规模撤离带来的交通压力和严重的拥堵现象。阶段性撤离的一个重要问题是确定不同紧急级别撤离区的撤离起始时间。基于反向车道的交通控制是将进入撤离区的车道反向，使之能够被撤离车辆使用，而对反向车道进行必要的交通控制是实施这个策略的前提。反向车道的主要作用是提高路网的容量。根据美国联邦应急管理局（Federal Emergency Management Agency, FEMA）对双向四车道高速公路进行的基于反向车道的交通控制策略效率评估，反向两个车道可以提高 70% 以上的交通容量，反向一个车道可以提高约 30% 的交通容量。路口交通控制是通过对路口转向、车道跨越、红绿灯时间等控制措施进行重新设置以达到预先设定的目的，如最小化路口的交叉冲突和融合冲突、保障交通走廊的最大化利用等。

撤离时间（clearance time, CT）通常被用作评估应急撤离模型效果的指标。撤离时间指从撤离指令发出到所有人员离开撤离区所经历的时间，一般被认为由撤离警报接收时间、撤离前的准备时间和撤离时间组成。为了确定这些时间的分布，对撤离过程中撤离者的行为进行研究起着关键的作用。目前，行为研究多见于对封闭环境中发生突发事件的研究（Zarboutis et al.，2007）。撤离时间通常还会受到事件的影响。这些影响表现为，有害物质降低了人的行为能力，遭到破坏的道路妨碍了撤离者的通行，等等。因此，应急撤离模型中事件模型通常与个人的行为模型或路径选择模型集成在一起（Galea et al.，1996）。

应急撤离模型采用的仿真方法主要有宏观仿真方法、微观仿真方法和中观仿真方法。宏观仿真方法以交通流量分析为基础对应急撤离进行研究，即分析撤离行为产生的撤离需求（应急撤离过程中需要转移的人员或车辆的总量）和交通网络的容量之间的关系。微观仿真方法通过跟踪撤离过程中每个个体的撤离轨迹，评估撤离过程和优化策略的效率。中观仿真方法是以上两种方法的结合，通常采用微观仿真方法来对经过分组处理后的撤离单元进行跟踪。

宏观仿真方法的主要特点是计算量小，因此适用于大尺度或大规模的撤离研究。与之相比，微观仿真方法通过跟踪每个撤离单元的撤离过程，提供了更多撤离过程的细节信息，并且能够更直观地反映交通控制措施的效果。但是，大量的计算负担使它更多地应用在封闭环境（如建筑物、飞机等）中发生的事件中，这些事件要求的撤离规模都较小。Chen 等（2006）使用微观仿真方法对美国佛罗里达某地区的飓风事件中的撤离进行了研究，在车辆总数为 41 016 辆的撤离规模及由 16 条汇集路径和 1 条撤离高速公路组成的交通网络的情况下，在一台处理器为 Pentium 4 2.4 GHz 和内存为 1.0 GB 的 DELL 计算机中运行一次撤离仿真模型需要的时间最高达 56 小时。显然，这样的计算时间对于突发事件的实时响应来说是不能接受的。中观仿真方法结合以上两者的优点，不仅可以对撤离过程进行跟踪，而且计算量也大大降低。但是，将整个撤离人群或者撤离车辆进行分组是一个很大的问题。只有将行为轨迹相吻合的撤离者划分在相同的撤离单元中，这种方法得出的结果才能更符合实际。在对撤离过程未取得充分认识的前提下做出的分组往往会给模型增加更多的不确定性，而这个前提恰恰存在于很多的应急撤离研究中。另外，计算机计算能力的飞速发展似乎也使应用这种方法的需求大大降低。

1.3.4　资源分配

资源分配解决如何将有限的资源分配到需求节点上的问题，以达到使灾害带来的损失最小的目的。当灾害发生后，最初一段时间的响应行为将决定整个响应过程的效果。在这样有限的时间内，响应者所能使用的资源往往远低于救灾的需要，因此，如何有效分配这些资源成为应急响应的重要问题。通常情况下，将灾害造成的人员伤亡降到最低是资源分配模型的首要目标。Fiedrich 等（2000）设计了一个针对地震事件的资源分配模型 ALLOCATE，来解决人员死亡数目最小化的问题。其中，人员死亡数目被划分成六个组成部分，包括二次灾害造成的死亡、营救期间死亡、未营救而死亡、未及时转移至救护场所而死亡、转移期间死亡、未得到转移和治疗而死亡；受灾区被划分成三个区域，包括救援区、加固区和恢复区；资源被划到六个基本工作类下，包括救援、起重、装载、运输、铺设、碾压。分配给每个救援区和加固区的资源可以降低发生在这些区内的人员死亡风险。通过对资源性能进行量化，并使用启发式（heuristic）的方法对模型进行求解，最终可以获得人员伤亡风险最小的资源分配方案。Yi 等（2007）开发了一个两阶段的资源分配模型，来解决救援中心的定位和资源的动态分配问题，以达到使资源到达救援中心的时间延迟和使伤者得到救助的时间延迟最小的目的。该模型考虑了不同类型的资源（满足需求的优先级不同）、受到不同程度伤害的人员（救援的优先级不同）和不同类型的车辆（服务能力有差别）。其中，阶段一是一个优化模型，目标是使整个救援过程中未满足需求的资源总量和未得到救援的伤者总数的和最小（最小服务延迟），其结果是得到网络上不同类型的资源和伤者的分布；阶段二是一个路由（route）算法，目的是获得不同车辆所运送的资源和人员的数量。

　　资源分配模型的求解要以资源需求节点和资源供应节点的分布和需求量为前提。在突发事件状况下，确定这些数据的一般方法是通过对节点的受损情况进行估计，选择受损较轻的区域作为资源的汇集和分发节点，受损较重的区域作为资源的需求节点。这种方法虽然受人为因素的影响，但在紧迫的时间压力下是一种行之有效的方法。

1.3.5　应急响应系统建模

　　以上研究集中于从不同的侧面为应急响应的不同任务提供信息保障和决策支持。为了给应急响应提供综合的信息辅助，一些研究工作对应急响应系统进行了建模。Belardo 等（1984）提出了一般的应急响应决策支持系统应当包含的四个部分（数据库，数据分析模块，标准化的模型及交互式使用、显示数据和模型的技术）和系统需要进行交互的两个外部元素（灾害管理者和灾害响应环境）。数据库存储预先获取的或实时取得的灾害环境信息，这些信息经过数据分析（如数据统计）后展现给决策者。标准化模型为决策者提供了隐含的事件相关信息（如事件发展趋势），并使其与数据库和数据分析功能交互。交互式使用、显示数据和模型的技术将以上部分连接在一起，为决策者提供使用系统的接口。Jain 等（2003）建议将独立的建模和仿真工具集成在一起来满足应急响应的全面需求，并提出了一个由应用、影响实体和灾害事件三个维度构成的集成应急响应框架。Bahora 等（2003）探讨了点对点（peer-to-peer）技术在解决应急响应中声音通信阻塞、有限的情形感知和互操作问题中的应用，并设计了一个基于点对点技术的应急响应原型系统来实现应急响应中的信息共享和互操作。李琦等（2005）通过对突发公共卫生事件处置过程的研究，提出了突发公共卫生事件的信息关联模型，并设计了突发公共卫生事件应急响应系统的框架和核心的服务集合，来应对公共卫生数据缺乏有效共享和关联的问题。Jennex（2007）对存在的应急响应模型进行了阐述和分析，并提出在应急响应系统中应当集成知识管理。

通过分析发现，以上这些研究都是从结构和框架的角度对应急响应系统进行建模，对于应急响应系统和应急响应决策支持系统的构建具有很大的帮助。但是，它们所提出的方法都缺乏对复杂应急响应系统的完整表达和实现，因此也难以满足构建高效的突发事件应急体系的要求。

1.4　国内外应急测绘发展状况

测绘地理信息在重大自然灾害、社会公共安全以及日常的突发事件应急事故处置中发挥着重要的作用。一是为重大自然灾害的处置提供有力保障。在地震、山体滑坡、干旱、洪涝等重大自然灾害事件处置过程中，测绘地理信息都发挥了重要作用。2008 年汶川发生特大地震后，相关单位通过各种方式提供了 300 多种共计 5.3 万张灾区地图，以及遥感影像等基础地理信息数据共计 12 000 GB；2010 年玉树地震，供给地形图 4 000 多张、专题地图 1 300 多张、影像 20 470 张、遥感影像数据 6 848 GB、专题数据 13 GB、基础地理信息数据 396 GB，提供应急保障信息平台 40 余套；2010 年舟曲特大山洪泥石流地质灾害，向救灾指挥部提供了专题图 279 张、地形图 285 张、航空航天遥感影像 1 520 张、基础地理信息数据 278 GB；2013 年四川芦山地震，提供应急救援地图、影像 19 000 多幅，数据量约 813 GB。二是为重大公共事件处置提供有力保障。在非典防治、利比亚撤侨、新疆和西藏维稳以及北京奥运会、广州亚运会、上海世博会等重大活动中，测绘地理信息发挥了重要作用。三是为党和国家领导人出访等活动提供有力保障。测绘地理信息为中央有关部门、地方政府、前线救灾指挥机构、救灾救援单位和社会公众等各方面提供了大量的保障服务，广受好评，被誉为"突发应急的眼睛"。

国内一些学者在应急测绘应用方面开展了一些研究，并取得了重要的研究成果。尹杰等（2015）提出了由数据获取、数据处理、信息服务组成的应急测绘体系架构；王佳楠（2017）提出将虚拟现实、地理信息平台数据服务、数据快速处理技术应用于应急测绘；郭辉等（2017）以湖北省为例建立了测绘应急保障服务信息平台，以已有资源为基础，研究开发了省级应急基础地理信息数据库，实现了应急数据快速获取、处理、管理、传输及与各分系统集成，为应急测绘保障做好数据储备；周治武等（2015）提出国家基础地理信息中心建立的应急测绘保障服务，及时为救灾指挥部提供了专题图参考；都芳浩等（2017）基于 Hadoop 开发了应急测绘共享平台，对数据进行存储和管理；曾浩炜等（2016）利用北斗系统的定位和短报文优势，开发出应急测绘移动指挥终端系统；Peng 等（2017）提出了交互式地图符号，用于动态灾害的映射、紧急情况响应和决策。

2005 年美国处置卡特里娜飓风事件时，利用高分辨率遥感影像确定了新奥尔良由飓风导致的洪水范围和水深，并制作了关于飓风影响范围和程度的专题地图。日本在日常应急管理的宣传中使用测绘成果，例如，在公共场所发放洪水、海啸、泥石流等自然灾害的防灾地图，在防灾地图中，通过颜色的区别明确标识灾害程度，并将避难场所和设施的准确位置标识在地图中。澳大利亚在 2008 年维多利亚森林火灾的处理过程中，使用基础地理信息数据和遥感影像以及消防、人口、交通等数据为灾害救援提供了可靠的空间信息基础。

澳大利亚昆士兰州某救护站建立了一个农村紧急地图信息系统，来帮助土地所有者绘制房产，方便救助时准确定位并找到最佳路线；埃塞俄比亚索马里州利用移动数据收集软件对井眼细节信息进行快速收集，监测井眼的持续性能，规划水运卡车运营，以改善严重缺水的情况；欧盟哥白尼应急管理机构提供不同类型灾害的应急响应信息，包括气象灾害、地球物理灾害、蓄意和意外人为灾害和其他人道主义灾难，以及预防、准备、响应和恢复活动，哥白尼应急管理服务平台由绘图组件组成，提供应急响应的快速地图、用于预防和规划的风险和恢复地图，以及洪水、干旱和森林火灾系统的早期预警和监测组件；美国佛罗里达州沿海县很容易受到热带风暴和风暴潮的影响，佛罗里达州应急管理机构已经为大多数沿海县指定了疏散区，提供了应急地图，并支持用户了解所在位置周围的疏散区及规划疏散路线；2015 年尼泊尔地震的应急响应方案中，通过卫星影像和无人机图像，结合 Pix4Dmapper 图像处理软件，获得三维点云数据、三维模型数据和二维地图数据，可为救灾提供关键信息；Dymon（2003）通过地图符号标准化实现危机期间最高水平的沟通，加快了应急响应速度；Avvcnuti 等（2016）建立了危机地图系统，该系统具备生成即时性危机地图的能力，可以让响应者了解受灾地区的破坏程度，评估受灾严重程度，及时分配应急响应资源；Choi 等（2009）提出开发基于无人机的快速测绘系统，快速获取受灾区域三维地理空间数据，以便迅速向该区域派出救援队，并对受损区域进行修复；Ferrigno 等（2017）研究的滑坡监测系统，使用 GB-InSAR 方法检测出地面发生变形的二维区域分布，监测结果有助于实施更好的规划和必要的干预措施；Dottori 等（2017）提出将洪水预报转化为基于事件的洪水灾害地图，并将危险、暴露和脆弱性信息结合起来，以近乎实时的方式进行风险估计。

1.5　国内外空间信息集成服务发展状况

目前，针对空间信息集成模型框架，国内外相关研究机构展开了众多研究。研究内容主要聚焦在面向服务的体系结构（service oriented architecture，SOA）、本体、代理、Petri 网、模型驱动、规则推理、智能规划、网络处理服务（web processing service，WPS）链以及基于已有系统扩展等方面。廖通逵等（2010）针对 SOA 架构下空间信息服务组合存在的各种问题，提出了基于服务总线的空间信息集成框架，并结合快速出图实例对其进行了检验。彭霞等（2016）利用旅游规划本体库提出了基于语义驱动的空间信息服务动态组合方法，并在执行过程中引入了服务状态建模的方法，提高了执行过程的容错性。Di 等（2006）提出了基于网络服务的地理空间知识系统 GeoBrain，该系统利用本体和面向服务的体系架构将地理空间处理模型转换为服务链，实现业务流程的自动化集成和重用。Al-Areqi 等（2016）利用基于领域本体的工作流自动组合方法分析了海平面上升对地球造成的影响，在构建组合方案时提供了多种约束，减少了大量无关方案，能够辅助工作流设计人员更快地构建处理流程。Tan 等（2015）基于云和代理（agent）的方法构建了地理空间服务链，既避免了大量的空间数据传输，又使执行过程保持负载均衡，并且以长江流域水淹作物分析进行了验证。肖桂荣等（2011）利用 Petri 网进行面向物流的空间信息服务组合，实现了物流空间信息服务的动态集成。王志华等（2012）关注解决服务发现问题，提出了基于语义网规则语言（semantic web rule language，SWRL）的语义网络服务组合方法，提升了动态服务组合过程中服务发现的效率。杜武等（2015）通过设计流程定义模型，对服务组合过程进行描述，并利用遗传算法在选址分析的服务组合案例中进行了服务链优化，获取了更优的组合方案。Farnaghi 等（2013）利用人工智能规划算法将基于语义描述的开放地理空间联盟（Open Geospatial Consortium，OGC）网络服务进行自动组合，通过灾害管理案例验证了其可行性。李德仁等（2016）通过扩展面向服务的网络本体语言（ontology web language for services，OWL-S）进行上下文感知的空间信息服务的构建，利用智能规划技术和语义增强技术把服务组合转化为规划求解过程，将结果转换为符合业务流程执行语言（business process execution language，BPEL）标准的流程执行，通过智慧旅游实现了验证。Stollberg 等（2008）将 OGC 和 WPS 组合为服务链，模拟了炸弹威胁场景的分析处理过程。卜晓倩等（2016）对地学工作流建模工具进行扩展，把多种地理信息处理软件包和空间信息网络服务封装并集成为模型，生成可执行 Python 脚本，提高了现有工具的分析处理能力。

1.6　存在的主要问题

突发事件的发生具有不确定性的特征,如何有效进行突发事件应急测绘响应是减少损失、维护社会稳定、促进经济发展迫切需要解决的问题(鲁静娴,2012)。

在应急测绘保障能力建设过程中,我们仍然面临着一些问题。由于灾害发生地的气象、交通等条件的限制,快速获取灾情现场资料的能力仍然需要加强;灾区地理信息数据更新频率需要提高,实时或者准实时灾情信息获取仍面临较大困难;灾情信息的形式比较单一,仍局限于传统地理信息产品,照片、视频、声音等多媒体信息在应急救援中发挥的作用还不明显。

1. 测绘数据处理系统快速反应能力还需要提高

虽然测绘地理信息技术在应急保障中发挥了越来越重要的作用,但是,针对应急测绘地理信息数据处理,现有测绘数据处理系统的快速反应能力还需要提高,要从支持单一模式转向支持多模式应急任务。

应急测绘中,效率是第一位的,关乎灾区老百姓的生命财产安全,错过了救援时间,再好的成果也失去了应有的价值,所以对于应急测绘地理信息的要求更高。现有的测绘地理信息数据处理系统,其缺陷和不适应性主要体现在以下几个方面:

一是生产模式单一,满足不了应急测绘需求。目前的测绘生产,主要是按照我国基础测绘生产的模式部署的,其主力军是自然资源管理部门下属的相关单位,产品质量控制体系也是遵照基础测绘生产的模式设置的,生产工序流程长,自动化程度不高,各个环节配合度不高,按部就班开展基础测绘工作可以,但是难以满足应急服务的要求。

二是缺乏高度集成的自动化数据处理系统。目前我国的测绘生产体系正在由数字化阶段向信息化阶段过渡,还是以传统的产品为主,对应的数据生产处理系统没有形成大规模的网络集群式生产模式,数据的生产、传输效率都比较低。要满足应急测绘生产的需要,就必须建立高度集成、自动化程度高、生产能力强、传输效率高的系统平台。

三是提供高效、有用信息产品的能力有待提高。简单的影像产品和数据产品,并不能满足灾害救援的需要,如何根据各种各样的数据提供综合分析高赋能的产品,显得尤为迫切。快速解译、叠加各种信息的产品图件,能够大大缩短救援决策时间,使在黄金救援时间段内能挽救更多的生命。

2. 缺乏对众源数据的使用

众源数据(crowd sourcing data,CSD)具有借助网站平台的先天优势,如依靠互联网、无线通信网等设施(周治武 等,2015)。现场人员获取和发布的众源数据可以作为灾情信息的重要补充，因此开展此方面的研究具有非常现实的意义。

众源数据具有数据获取现势性强、不受地理和气象等条件限制、数据内容丰富、更新频率高等特点，可以弥补传统获取地理信息手段在应急测绘方面的不足，因此可以作为应急测绘的一个重要的补充数据源（Lou et al., 2014; Laylavi et al., 2017; Forrin et al., 2018）。众源数据可以在以下四个方面对应急测绘保障能力建设提供必要的补充：

（1）缩短灾害发现时间，提升灾害发现的效率。应急测绘的特点之一是速度快，此时效率就决定了应急测绘的技术水平。利用众源数据现势性强的优点，可以快速发现灾害事件，为应急测绘赢得时间。

（2）提高灾害信息更新频率，增强应急测绘信息的现势性。基础地理信息的获取时间一般需要 24～48 小时，且后续的更新也需要不短的时间。在灾害发生后，通过众源数据获得的灾情现场信息更新频率高，可以极大地增强测绘地理信息的现势性。获取不同时间点的灾害灾情数据，建立时间序列灾害发展态势模型，可以对灾情发展态势进行预测与评估。

（3）丰富突发事件的数据源的内容和形式。众源数据内容形式丰富多样，包括图片、视频、音频等多媒体信息，这些信息可以作为应急测绘地理信息重要、有益的补充，从而丰富应急救援地理信息的形式，使应急测绘展示形式更加丰富多样、直观易懂。

（4）提高网络信息资源的利用率。由于众源数据通常是由个人或组织自发发布的，数据中包含大量的地理信息，如用户活动轨迹、签到地点、登录地点、注册地点等显式地理信息，同时，还包含地名、地址等隐式地理信息。而且，突发事件的新闻报道作为公共资源，可以被免费获取和使用，在丰富应急测绘地理信息表现形式的同时，有助于人们更进一步了解突发事件的进展，实现突发事件的资源利用，并为应急测绘提供新的数据来源。

3. 专业领域以及相关知识的缺乏，专家经验知识应用少

实施有效的突发事件应急响应除了需要能对突发事件进行有力决策，更需要保障突发事件信息的及时获取和利用空间技术进行突发事件的定位与显示，以提高决策者的决策可行性与科学性。这需要具备必要的应急响应领域知识，既要有应急响应的专业知识，也要有相当的应急信息获取手段。当突发事件发生时，如何利用以往案例的成功处置经验，如何面向网络进行数据挖掘，如何抽取突发事件信息，如何获取地址等位置信息，等等，尚需要进一步研究。

4. 多种学科，不同模型应用，需进一步加强集成研究

空间信息集成服务的根本目的是面对各种复杂问题，能够实现不同模型方便、快速地耦合。集成建模研究的主要力量来自以下两个方面：

（1）各种多学科、多尺度研究项目的推动。随着对社会生态环境的重视，近

些年来，很多研究项目都涉及生态学、环境科学和社会科学等多个学科领域，因此，集成这些学科领域里的数学模型来解决问题成为目前重要的研究方向、方法和趋势。另外，基于不同的尺度（宏观、中观、微观）研究同一个现象，最后集成分析结果，也成为科学研究的一个重要方法和手段。

（2）模型应用需求的不断增加。在各项研究和实际应用中，人们需要大范围地使用已有的各种模型，许多模型被封装成特定的软件构件（如模块、组件等），提供给需要者使用。但是，由于模型接口、定义、元数据等缺乏统一的接口和规范，不同组织和机构提供的构件互不匹配，难以集成，因此要开展集成建模的研究。

第 2 章　应急地理信息服务基本概念

由于突发事件的复杂性与多样性,我国从国家战略高度出发,全面规划了国家应对突发事件、提高防灾减灾能力的目标与任务,将应急测绘作为一项需要建设的基础能力,从国家层面统筹规划与建设。2011 年以来,国家相关应急救援与服务部门发布了防灾指导方案及救助指导体系等指导性文件,重新梳理了当前应急测绘的工作重点。同时从应急装备研制、应急队伍建设、应急保障等多个方面加强应急测绘能力建设,以满足国家应对突发事件和防灾减灾等工作的需要。

2.1　应急测绘基本概念

应急测绘是指将各种测绘地理信息应用于应急救援及灾后评估过程中各个阶段的服务。

应急地理信息是为突发事件应急处置和防灾减灾提供支撑的专题地理信息,是了解灾情、指挥决策、抢险救灾、应对突发事件的科学工具和基础数据(闵宜仁,2013)。城市是我国人口聚集地,人口集中度较高,城市地区突发事件危害极大,因此城市地区突发事件的应急处置是应急救灾中的重点。近年来我国城市地区突发事件时有发生,危险化学品泄漏、爆炸、火灾、塌陷、暴雨引发的内涝等突发事件不断影响着人们的日常生活。在灾损评估、应急救灾等过程中,需要更加精确和详尽、现势性更强的地理信息数据。

美国、欧洲、日本等较早拥有了高分辨率高精度航天测绘(光学遥感、干涉雷达、激光测高、重力等卫星)和航空测绘(无人机和有人机平台 + 传感器)能力,联合应用航天航空测绘是美国、欧洲、日本等国家和地区相关部门应急处置突发事件的主要手段。美国在应急管理过程中大量采用了美国国家航空航天局的卫星遥感技术以及地质调查局的基础地理信息处理手段来显示事发区域的地理环境。法国与意大利发射的雷达遥感卫星群,利用多颗编队小卫星构成星座飞行(朱良 等,2009),实现了对地面的阵列立体观测,极大地提高了航天应急测绘的获取能力。

航天遥感技术主要是利用卫星进行信息采集。卫星所能够到达的高度较高,且获取的范围较广,因此,能够获得较大范围内的数据,同时采集信息所需要的周期较短,限制的条件也较少,即使在恶劣的天气环境下,也能够准确获得各种信息。所以,航天遥感技术是现阶段应急测绘中必不可少的技术之一。

　　航空遥感技术主要是通过无人机、小型飞机等设备来进行突发事件现场的信息采集。该技术具有灵活性较高、高效且精准的特点，能够在较短的时间内获取精准的现场数据，为决策部门提供参考。

　　但是，由于突发事件发生的偶然性，灾害的发生是不可预测的。当某地发生了灾害时，并不能保证此时发生突发事件的位置上空就有可用的卫星。此外卫星的数据获取并不一定是全天候的，也有时间和天气条件的要求。我国的应急测绘的数据主要来源于航空和航天遥感系统。

2.2　知识表达相关理论

2.2.1　案例表达的方法

　　案例是与历史经验相关的知识表达，记录了想要实现某目标所必须参照的基本知识或经验。案例是一段带有上下文信息的知识，该知识表达了推理机在实现其目标的过程中能起到关键作用的经验（刘亚杰，2013）。案例库中一个详细案例表示专家针对一个具体问题的经验积累，即专家知识体现于处理问题的行为，而非对经验知识本身的表述，专家知识蕴含在行为中。将案例推理应用到应急辅助决策中的一个最关键的问题就是应急案例的通用表示与存储问题（张英菊 等，2009）。案例表达是对知识的一种描述，即用一些约定的符号把知识编码成一组计算机可以接收的数据结构（Chen et al.，2010）。

　　目前针对应急案例表达方法的研究有很多。仲秋雁等（2011）提出应急案例的可扩展标记语言（extensible markup language，XML）表示方法，利用 XML 在描述复杂非结构化问题方面的优势，解决了异构应急案例统一表示的问题；翟丹妮等（2011）利用框架表示法的结构性和继承性对应急案例进行表述，将应急案例分为应急处置的主体、客体、工具、内容四个部分进行表示；王宁等（2015）提出基于知识元表示应急案例，以知识元的形式抽取应急管理的共性知识，对应急管理案例情景序列的知识结构进行分析，形成基于知识元的应急管理案例情景库；于峰等（2017）提出基于基因结构的应急案例表示方法，基于基因结构构建多级的案例模型，实现了复杂应急案例的形式化表达；金保华等（2012）提出基于语义网规则语言的应急案例库的知识表示方法，先构建应急案例库本体，然后引入语义网规则语言构建案例库规则机制，增强推理能力。以上方法都针对不同的数据类型提出了适合的方法，能够清晰表达具体的案例，但是对于案例的检索支持较差，且表示方式不便于表达空间信息服务。应急测绘案例中存储信息复杂，处于不同文化背景和不同学科领域的人们的认知不同，对于同一事物的表达方式不同（杜清运 等，2014），导致用关键词对案例库进行检索时无法得到预期结果。

2.2.2　本体的概念

在西方，本体（ontology）这一哲学概念最初由亚里士多德提出，用于形而上学方向研究事物存在的本质，逐渐发展成为哲学的一个分支（杨骏，2007）。在哲学领域，本体用于描述客观事物的抽象本质。本体被应用到信息学领域后，本体的定义在信息学领域有很多不同的说法，其中，Gruber（1993）提出的"本体是对概念模型的明确的规范说明"得到大家的普遍认可。其后 Borst（1997）将本体的定义改为"本体是共享概念模型的形式化规范说明"。在此基础上，Studer 等（1998）将本体的概念进一步完善，即"本体是共享概念模型的明确的形式化规范说明"。这一定义包括了四个层面的意义：概念模型、明确、形式化和共享。其中，概念模型是通过抽象出客观世界中一些现象的相关概念而得到的模型，其表示的含义独立于具体的环境状态；明确是指概念与概念之间的联系及使用这些概念的约束都被明确定义；形式化是指有精确的数学描述，是计算机可读的；共享是指本体中体现的共同人口的知识，反映的是相关领域中公认的概念集，它所针对的是团体而不是个体。

构建本体是获取一个领域的知识，确定领域公认概念，提出对领域知识的公共理解，从各个层次、各个方向定义概念间的相互关系。本体可以通过形式化表达使人类知识和经验能被计算机理解，以实现计算机在执行任务时运用这些知识进行语义级别的判断及推理。

Guarino（1997）将本体按照知识粒度层次和领域依赖程度两个维度进行分类。知识粒度层次高的本体称为参考本体，知识粒度层次低的本体称为共享本体。按照领域依赖程度可划分为：

（1）顶层本体。描述最普通、最通用的概念及概念之间的关系，常常是抽象术语，如时间、空间、事物、事件、对象、行为等，完全独立于特定的问题和领域，其他本体都是该类本体的特例。

（2）领域本体。描述特定领域（医学、地理等）中的概念及概念之间的关系。

（3）任务本体。描述特定任务或行为中的概念及概念之间的关系。

（4）应用本体。描述依赖特定领域和任务的概念及概念之间的关系。

在这个分类当中，领域本体和任务本体是处于同一个层次的，它们都能引用顶层本体中定义的词汇来描述自己的词汇。应用本体既能引用领域本体中的概念，也能引用任务本体中的词汇。

1. 本体的描述语言

本体存在的主要意义在于建立人与计算机之间的桥梁，使计算机能够理解人类知识。本体被当作人类知识与计算机交互的一种标准，因此对本体描述语言的要求较高，需要选用包含推理能力的形式化表达语言进行本体的描述。本体描述语言经历了长期的发展过程，最初采用的表达方式是术语表和分类表，此方式比较简单，只表达类的父子关系及狭义和广义的关系，推理能力弱。随着计算机技术的不断发展，又出现了 XML 描述语言，XML 通过制定一系列标签规则，以标签方式对资源进行描述，引入命名空间的概念，用于区别不同网络资源对应的同名标签情况，由程序解析标签关系，用 XML 技术描述信息资源具有结构层次清晰和可扩展性良好的优点。后来又出现了一种资源描述框架（resource description framework，RDF），RDF 以万维网联盟（World Wide Web consortium，W3C）发布的资源描述为框架，描述互联网资源语义标准时仍然采用基于 XML 的方式，RDF 包括＜主语，谓语，宾语＞三元组。其中，主语表示所要描述资源的概念名称，资源用统一资源定位符（uniform resource locator，URL）来表示；谓语用于描述资源的属性；宾语表示数据类型或资源属性值。RDF 描述方式相对简单，对资源间关系的约束较少。满足 XML 语法和 RDF 数学模型标准的都是合格的资源描述，因此可能会出现词汇间语义冲突的现象。于是，万维网联盟进一步提出了 RDF Schema（RDFS），在这一语言中添加了定义域和值域谓语约束，以整合同一个资源的语义描述，避免产生类似的语义冲突。随着语义网研究的不断加深，对本体描述语言的表达能力和严谨性有了更高要求，因此，万维网联盟以 RDF 为基础，又制定了一系列本体语言，其中最受推荐的是网络本体语言（web ontology language，OWL），OWL 是基于本体交换语言（ontology interchange language，OIL）和美国国防高级研究项目署智能体标记语言（DARPA agent markup language，DAML）建立的，包含更加丰富的类型定义及属性描述，语义表达能力更强，同时兼容 OIL、RDFS 和 DAML，而且具备强大的推理能力。

　　OWL 是基于描述逻辑而构建的语言系统，能够形式化地描述网络文档中术语的含义，支持各种应用的本体描述语言，将人类易读的形式表达为应用可理解的形式（景东升，2005）。OWL 包含三种子语言，分别为 OWL Lite、OWL DL 和 OWL Full。这三种子语言中，OWL Lite 最简单，但是表达能力最弱，主要服务只需要简单约束条件的用户；OWL DL 涵盖了 OWL 的全部语言成分，表达能力中等，存在一定的约束限制，但是能够在推理系统中最大程度地表达；OWL Full 实现了 OWL 中所有的语法结构，表达能力最强，但是缺乏可计算性保证，由于支持本体随意扩展词汇含义，因此概念存在多义性，其结果就是不能完全实现自动推理（李朝明，2016）。

　　OWL 通过类和属性来描述对象，一个 OWL 文档通常包括命名空间、本体头部、类定义、属性定义。命名空间是一系列声明，用于描述正在使用的特定的词汇表，这些声明能够准确解释文档中的标识符，使文档的可读性更强。本体头部是关于本体的声明，包括本体的版本控制、导入其他本体的信息及注释等。类定义要定义特定领域的根类。通过＜ Class ＞标签定义命名类声明，通过

< subClassOf >标签定义类之间的父子关系，建立类的层次。而类的语义通过类的描述来表达，包括类的标识、类的详细列举、类的属性限制，此外，还可通过类的交、并和补来构造复杂类。属性定义用于描述类的公共特征及实例的专有特征。OWL 属性包括数据属性和对象属性。数据属性标签< DatatypeProperty >用于描述类实例与数据或文字类型间的关系，而对象属性标签< ObjectProperty >可以表述两个类实例之间的关系。OWL 通过确定属性的定义域和值域关联类。

2. 本体开发工具

Protégé 软件最初创建于 1987 年，是为了实现医学项目知识系统化由美国斯坦福大学医学院生物信息研究中心开发完成的。目前，Protégé 是由 Java 语言开发的一种开源的本体开发工具。Protégé 的核心功能是实现丰富的知识建模和应用，能够满足本体对各种形式资源的可视化及管理和创新需求，主要应用为语义网中本体的构建，是本体的主要开发工具。

Protégé 屏蔽了具体的本体描述语言，提供了本体的概念类、逻辑关系、属性关系以及实例等构件，能够支持本体和知识库编制。用户在使用 Protégé 构建本体时，是在概念层面上进行的，用户根据实际需要进行编制，选择数据输入格式，本体构建完成后可以通过多种格式的文本来保存，如 OWL、RDFS、XML 等。Protégé 本身不具有推理功能，但支持可推理插件，还可以通过独立平台扩展以构建知识库。Protégé 模块划分清晰，具有图形化界面，可多重继承并且开放源码支持自由扩展。此外，Protégé 使用简单，易于学习。Protégé 是通过树形分层结构来表示本体的，用户构建和编制本体都可通过 Protégé 提供的可视化界面添加并编辑类、属性和实例，不需要用户了解本体描述语言，降低了用户操作的难度。基于这种简单方便的设计，Protégé 作为本体编辑工具被广泛拥护和支持，是众多学者和本体领域研究机构的首选。

2.3　网络服务组合相关理论

2.3.1　服务组合技术

关于网络（Web）服务的定义，目前还没有一个统一的观点，不同的开发者理解不一样。从网络服务存在的特点来看，网络服务是一种松散耦合、允许被复用的应用程序组件，采用开放的协议进行通信；从语义角度来看，网络服务封装了各种简单、离散的功能，发布在网络上支持其他应用程序访问和调用；从技术角度来看，网络服务也可以定义为一种新的分布式组件技术，采用的是标准的简单对象访问协议（simple object access protocol，SOAP），用 XML 格式进行数据传输，实现远程过程调用，从而实现分布式计算。必须要知道，网络服务不等于面向服务架构（service-oriented architecture，SOA），它只是 SOA 的一个最佳范例。所以，基于 XML 的网络服务技术能够实现跨平台、跨语言的分布式计算，它是由多种技术组合而成，可以根据特定消息、特定要求进行应用集成，提供一些具体的解决方案。

网络服务之间的消息传递通过接口来实现，为将服务组合成具有新功能的网络服务提供了基础。网络服务包括两种类型：原子型及复合型。原子型网络服务比较简单，它能够独立执行并实现用户要求，不依赖其他网络服务。复合型网络服务是由多个原子型网络服务按一定的逻辑组合而成的复杂服务。随着用户需求的不断增加，通常单个的原子型网络服务无法完全满足用户需求，网络服务组合成为了新的趋势。

网络服务组合的基本思路就是将现有的原子型网络服务按照一定的逻辑顺序组合成一个复杂的复合型网络服务，以满足用户需求。网络服务组合的过程通常分为两个步骤：先进行服务组合，然后确定执行顺序，按照顺序使组合中的各服务稳定地执行。

2.3.2　服务组合方法

网络上发布的网络服务大都结构简单、功能单一，不能满足用户较复杂的业务需求，这时需要聚合网络上已经存在的功能简单的网络服务，构建出功能强大的增值服务。

服务组合方法从技术或理论角度分类，可以分为基于工作流的网络服务组合方法和基于人工智能（artificial intelligence，AI）规划的动态网络服务组合方法两大类。

1. 基于工作流的网络服务组合方法

基于工作流的网络服务组合方法是利用成熟的建模工具及建模语言对服务组合业务过程建模，这种建模过程与传统工作流非常相似，故将其称作工作流技术。

基于工作流的网络服务组合方法的主要过程是：根据用户的实际需要，设计工作流程，此工作流程包括活动、控制流以及数据流，一个活动可能是一个原子型服务或者一个复合型服务，控制流控制流程中活动的执行顺序，数据流控制流程中数据的传递。

这种基于工作流的网络服务组合方法相对比较简单，自动化能力较差，需要大量人工操作干预，如工作流程设计、参数设定、服务选择和绑定，因此网络服务组合方法的自适应性较差，效率较低。

2. 基于人工智能规划的动态网络服务组合方法

基于人工智能规划的动态网络服务组合方法是把基于人工智能的规划技术

应用到网络服务组合中,通过人工智能技术自动规划,将网络服务按一定顺序排列,实现网络服务的自动组合。设计流程的初始状态以及目标状态是通过指令让计算机自动在已有的服务注册库中找到一组服务集合,然后把这组服务集合按一定逻辑顺序进行连接,实现业务流程从初始状态到目标状态的转换。

2.3.3　空间信息服务组合

空间信息服务是基于网络服务技术和标准在空间地理信息中的应用,可实现空间地理信息的在线服务。利用相应的规范、接口和信息交换协议,提供用户管理服务、编码服务、注册服务、描述服务、处理服务和数据服务等。空间信息服务除了采用基本的网络服务技术协议之外,还必须考虑有关空间地理信息及处理的技术协议,目前主要由开放地理空间联盟(OGC)、国际标准化组织地理信息技术委员会(International Organization for Standardization Technical Committee 211, ISO/TC211)和万维网联盟(W3C)制定。

空间信息服务组合是指实现某复杂空间数据处理功能所需的所有空间信息服务的顺序执行。空间信息服务组合具有分布式、跨平台、面向任务和松散耦合等特点。组合原子型空间信息服务使空间信息服务具有更完整而强大的空间分析和处理能力。

目前对于空间信息服务组合的研究有很多,黄亮(2011)提出基于业务流程执行语言(BPEL)的空间信息服务组合技术,即先提出一种服务组合逻辑模型,将其转换为 BPEL 模型,然后通过 Apache ODE 执行引擎执行服务链;王艳东等(2011)提出利用模型驱动进行空间信息服务组合,使用统一建模语言(unified modeling language, UML)设计空间信息服务组合元模型,利用模型驱动机制转换生成空间信息服务链设计器,构建空间信息服务组合模型;王志华等(2012)提出基于 SWRL 规则的空间信息服务组合方法,基于闭包对空间信息服务进行搜索,实现优化空间搜索。以上空间信息服务组合方法能够实现服务的按需组合和基于语义自动组合,但是当前空间信息服务组合研究无法满足应急测绘保障快速按需服务的需求。因此本书提出基于案例知识驱动的空间信息服务组合方法,将过去的突发事件所用的空间信息服务组合模型作为案例的一部分存储到案例库中,基于案例知识驱动空间信息服务组合,辅助突发事件处置决策,可有效提高突发事件处置效率。

与传统网络服务相比,空间信息服务具有其特殊性(高冉 等,2012),主要体现在服务所使用的空间数据上,具体表现在:

(1)信息附带时空属性。空间数据的时效性和空间分辨率对信息量和信息获取影响较大。

（2）空间数据量大。空间信息服务数据的数据量大，为解决数据传输速度问题，对网络带宽要求高。

（3）空间数据类型复杂。空间数据结构不同，分为矢量数据和栅格数据，且有坐标系不统一的问题。

空间信息服务组合是基于网络服务平台，在面向服务体系架构的基础上，根据用户需求，将轻量级空间信息服务组合为能处理复杂问题的重量级空间信息服务的过程，组合后的服务还可以作为一个成员与其他服务成员进行组合。空间信息服务的组合过程主要分为四个阶段：服务注册、抽象服务组合、物理服务匹配和服务链执行。

1. 服务注册阶段

此阶段将不同来源的服务注册到服务库中进行统一管理。

服务类型分为数据服务和模型服务，数据服务是符合 OGC 标准的主流数据服务类型，如网络地图服务（web map service，WMS）、网络要素服务（web feature service，WFS）、网络覆盖服务（web coverage service，WCS）等，模型服务包括网络处理服务（web processing service，WPS）、表现层状态转移（representational state transfer，REST）风格服务（简称"RESTful 服务"）和 SOAP 类型的服务。有以下四种类型的服务描述方式：

（1）网络服务描述语言（web services description language，WSDL）。是描述网络服务的 URL 和命名空间、服务类型、有效函数、函数参数、参数类型以及函数返回值和返回值类型等网络服务的通信和调用方法的 XML 文件，是网络服务的事实标准（倪晚成 等，2008）。目前主要应用于 SOAP 类型的网络服务，对 RESTful 服务的支持应用不广泛，而且 OGC 标准服务默认不生成 WSDL 服务描述文件，因此难以适应空间信息服务。其文档节点要素结构如图 2.1 所示。

（2）OWL-S。由 Service Profile、Service Model 和 Service Grounding 三部分组成。Service Profile 用于描述服务的能力，便于服务的发现和匹配；Service Model 用于描述服务的具体实现细节及工作方式；Service Grounding 用于描述服务的访问方式（颜友军，2013）。利用 OWL-S 可以实现网络服务的描述和发现，且便于对业务组合进行语义表示，但是当前语义网并未广泛应用，OWL S 只有在语义网中才能发挥最大的功效。

（3）OGC 类型的服务描述。OGC 规范中定义了 GetCapabilites 操作，用于返回用 XML 描述的功能描述文档，便于服务的使用。

（4）自定义服务描述语言。是为实现网络服务组合而定义的非标准的简单描述语言。

2. 抽象服务组合阶段

此阶段由用户将界面中不同的抽象服务组合为服务链。根据调研结果，主要

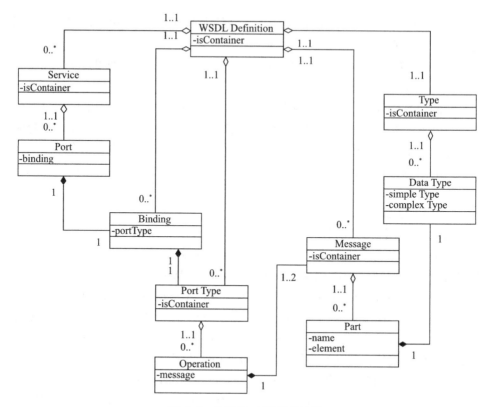

图 2.1   WSDL 文档节点结构

有以下五种实现方式：

（1）BPEL。业务流程执行语言（BPEL）是一种用 XML 编写的编程语言，一门用于自动化业务流程的形式规约语言，广泛应用于网络服务相关的项目开发（吴吉红 等，2012）。利用 BPEL 组合的网络服务需要提供 WSDL 服务描述文件，有较成熟的执行引擎，如 Apache ODE。

（2）网络服务编排描述语言（web services choreography description language，WS-CDL）。WS-CDL 是基于 XML 的定义式语言，用于描述网络服务编排，可以定义协作实体之间的公共行为、消息交互方式以及相互约定的消息交互顺序（李潇，2009）。WS-CDL 适用于大粒度、无中心控制、各参与方地位平等的服务协作，可以清晰地表达交互逻辑结构和控制行为，并对流程执行进行监控，不过没有成熟稳定的执行引擎，且未普遍应用。

（3）业务流程建模语言（business process modeling language，BPML）（Thiagarajan et al.，2002）。业务流程建模语言，是业务流程建模的元语言（吕春晨，2009），是一个正式的完备语言。任何流程都可以用 BPML 进行建模，其最大的特点是不需要任何软件代码，就可以使用业务流程建模系统执行软件操作。BPML 是 BPEL 的超集，曾被早期的企业采用。但是 BPML 不能应用于有些公司（如 IBM 和微软）已有的工作流程，所以这些公司推广了更为简洁的 BPEL 语言。

（4）业务流程模型和符号（business process model and notation, BPMN）。是业务流程管理计划（business process management initiative, BPMI）开发的一套标准。BPMN 将业务流程设计与流程开发无缝集成，为业务流程的分析创建、流程实现和用户的管理监控等过程提供了容易理解的符号，同时也支持提供一个可以生成可执行的网络服务业务流程执行语言（business process execution language for web services, BPEL4WS）的内部模型（黄辉，2014）。其有较成熟的执行引擎，如 Activiti5、jBPM 等。

（5）Petri 网。它是一种用于描述离散的、分布式系统的数学建模工具，于1962 年由德国人 C. A. Petri（译为佩特里，也译为彼得里）提出。经典的 Petri 网是简单的过程模型，由库所变迁和有向弧以及令牌等元素组成，如图2.2所示，可以利用 Petri 网对模型进行形式分析和验证。Petri 网是一个良好的过程建模方法，在库所中添加表示状态信息的令牌分布，并按引发规则使变迁引发驱动状态演变，从而反映系统动态的运行过程（赵娟，2009），其图形化的描述方式比较容易让用户理解系统模型。简单地说就是，系统的动态行为表现为资源的流动。但是理论研究居多，实际应用较少。

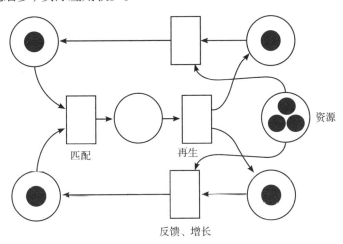

图 2.2　Petri 网组成元素

3. 物理服务匹配阶段

此阶段为抽象服务链中的各个节点匹配对应的物理服务，利用所匹配的物理服务的服务质量（quality of service, QoS）值求得组合方案的全局最优解，构建出可执行的物理组合方案（Zeng et al., 2004）。

由于定义存在领域差异性，QoS数据的量测、发布和获取缺乏相关标准的支持，包括OGC，所以未广泛应用于实际网络服务。但其可以有效解决网络服务选择问题，确保服务组合方案实现整体最优。

4. 服务链执行阶段

此阶段实现物理服务链执行、运行时监控及异常处理，最后将执行结果输出给用户，用户可选择是否将服务组合方案存储到案例库。主要有以下三种实现方式：

（1）BPEL执行引擎。可将服务组合转化为BPEL，利用执行引擎（如Apache ODE）的编译器将BPEL文档转化为可以被运行时库执行的格式，执行时通过持久化的方式进行，如图2.3所示。它是传统网络服务组合的成熟解决方案，但是需要WSDL服务描述文件，无法适应空间信息服务组合。

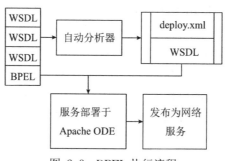

图 2.3　BPEL 执行流程

（2）利用WebGIS平台执行WPS服务链。可将平台服务描述为WPS类型的服务，然后将其组合成WPS服务链，利用支持OGC规范的地理信息系统（geographic information system, GIS）平台（如GeoServer）执行。可以方便地将原生WPS服务组合成服务链。但是将其他类型服务描述为WPS服务存在一定的难度，而且后续是将整个服务链作为一个单独的服务进行执行，无法对各个服务节点进行运行时监控和异常处理。

（3）工作流执行引擎。用BPMN描述服务组合方案，利用执行引擎在节点上绑定服务解析器（根据服务描述自定义），当流程运行到相应节点时，通过服务解析器自动执行相应服务。流程运行时有较好的任务监听器机制和异常处理机制，但需要自定义服务解析器。

2.4　信息抽取相关理论

2.4.1　信息抽取系统体系结构

图 2.4 描述了经典信息抽取的主要执行步骤。由图 2.4 可知,信息抽取主要由以下模块组成(Yildirim et al., 2018; Goradia et al., 2017; Shinde et al., 2017):

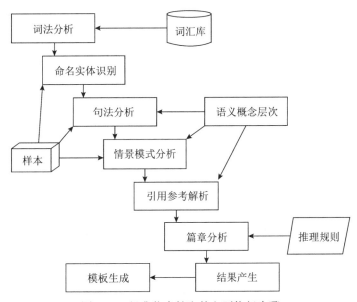

图 2.4　经典信息抽取的主要执行步骤

（1）词法分析。主要是对文本进行中文分析和词性标注的工作。

（2）命名实体识别。按照预先定义的规则和本体库进行名称实体的识别和抽取工作。

（3）句法分析。属于自然语言处理中语义理解的部分,这里强调分析上下句之间的逻辑结构和关系。

（4）情景模式分析。分析实体或语句的应用场景及模式,属于模式匹配的内容。

（5）引用参考解析。分析文本中的引用及参考内容,主要应用于学术论文的分析。

（6）篇章分析。主要有篇章的特征提取和摘要抽取,对篇章的情感进行相关的分析和介绍。

（7）结果产生。对以上步骤的产生结果进行综合与汇总。

（8）模板生成。通过以上定义,形成固定的文本表示内容,为进一步分析提供便利。

由上文可知，此处给出的经典信息抽取的主要执行步骤，在具体的实例案例分析中还要结合具体内容进行深入的研究。图 2.5 给出了现阶段采用模式匹配方法的信息抽取系统的逻辑结构。

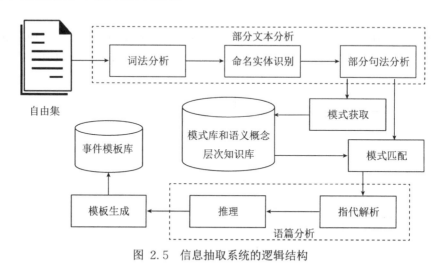

图 2.5　信息抽取系统的逻辑结构

2.4.2　信息抽取方法分类

1. 根据信息格式分类

根据信息展示的方式和格式，分为纯文本、网页和程序标准化窗格等。这些信息没有严格的格式限制，主要是互联网产生的 HTML、XML 等，通常将这种结构化与半结构化的文本称为在线文本。

2. 根据抽取的自动化程度分类

根据信息处理的人工干预程度，分为纯人工编写、半人工－半自动化以及无人工干预方式信息抽取。

3. 根据原理分类

根据信息抽取的原理，分为基于自然语言处理方式、基于规则和基于统计模型的信息抽取。

（1）基于自然语言处理方式的信息抽取。目前采用这种原理的典型系统有 IPAIER、IRV 和 WHISK。

（2）基于规则的信息抽取。最新的方式是基于规则的自动抽取与构建，该方式的设计思想使基于神经网络的模型训练在知识领域成为热点。

（3）基于统计模型的信息抽取。此方法是当前信息抽取领域的主流应用方向，特别是机器学习的出现，促进了该领域的技术进步。

2.4.3　基于规则的信息抽取

1. 原理

通过规则来定义信息抽取的内容,主要是通过非定量的方式强制限定抽取的范围及内容。常见的规则定义方式有以下三种。

1)规则的人工制定

信息抽取初期的规则都是通过人工干预的方式实现的。这种方式的优点是信息抽取的准确率高,缺点则是抽取效率低。如果解决了优化效率的问题,将会得到更好的抽取结果,该方法也曾经风靡一时。

2)知识的半自动抽取

随着信息抽取工作量的逐渐增加,对于规则制定的投入也在进一步扩张,但造成大量的资源浪费。因此,知识的半自动抽取便出现了,分为两个方向:一种是自顶向下,另一种是自底向上。

自顶向下的过程归纳如下:

(1)进行模式匹配,人工标注出特征关键词和语句。

(2)分析上下文的逻辑与语法结构,抽取主语、谓语及宾语。

(3)抽取出该语言文本的文本摘要、核心关键词及情感主题等。

(4)当模式中的语言被识别成功时,就会抽取样本中的主题及语义槽。

自底向上的过程归纳如下:

(1)使用通篇匹配来抽取出全文的主题和核心,即核心节点 D。

(2)当模式匹配出现漏洞时,要及时分析出错点,并进行必要的补充:寻找与 D 最相似的概念节点 D';如果 D' 为主节点,就结束该模式匹配;以概念层次为依托,合并 D 和 D' 得到 U;如果 U 的测试结果比预设值大,则结束,否则设置 $D=U$。

(3)通过以上特征抽取关键词后,将 D 加入规则集。

3)知识的自动抽取

随着科技及数学算法的进一步成熟,出现了自动机器学习方法,AutoSlog 软件系统就是自动机器学习的一个典型实例。基于 AutoSlog 扩展而来的 AutoSlog-TS,可以对待抽取的内容进行词法分析,从中识别出含有主题词的关键词与句子,进行循环迭代,得到设定文本的模式匹配模板,并且在此过程中记录激活次数 F_i 及 F_i 的累积和 N_i。

多层激励法(multi-level bootstrapping,MLB),也称作元激励法(meta bootstrapping,MB),是在对规则模式进行评分控制的基础上,定量分析该模式抽取的信息词,如果其统计结果超过设定的阈值,则将模式抽取结果放入其中,否则,将其排除在外。设定阈值是为了使信息抽取的结果合理化,其抽取结果的

评估算法为

$$S(P_i) = \frac{F_i}{N_i} \log_2 F_i \tag{2.1}$$

$$S(N, P_i) = \sum_{k=1}^{N_i} (0.01 \times S(P_k)) \tag{2.2}$$

式中，$S(P_i)$表示规则P_i的评价得分，F_i表示规则P_i在文档F中出现的次数，N_i表示规则P_i在整体语料库中出现的次数，$S(N, P_i)$表示规则P_i在语料库中的最终得分。

2. 典型规则系统

Wrapper Induction 文本抽取器是一个对抽取文本有严格要求的抽取器。抽取器的好坏决定了抽取结果的质量，但起到决定性作用的还是如何在规则与抽取器之间建立必要的联系。Wrapper Induction 认为，对特定领域使用单一的抽取器比在单一领域使用多抽取器更方便。虽然当今统计方法是主流，但是在实际的工程应用中却很少使用基于统计的信息抽取方法。例如，从自由文本中抽取知识时，基于机器学习算法的抽取结果的准确度仍然落后于基于人工标注规则的方法。

1）标准化的规则抽取系统

推动结构化文本研究的主力军是互联网搜索巨头、数据库制造商及专业的数据挖掘公司。它们直接将要抽取的内容以项目合同的形式提交给第三方的数据挖掘团队。WHISK 就是在这样的背景下产生的，该系统的创新之处是直接将办公软件中的工作文档转化为结构化的信息。此外，WHISK 还有广域搜索的功能。

2）半标准化的规则抽取系统

半标准化的规则抽取系统的抽取规则是通过限定多层关联规则的方式来抽取。例如在一个 1 000 个字节长度的文本中，系统会划分这个大文本，将其划分为许多小的文本块，然后从小的文本块中抽取出规则定义的内容。

3）纯文本的规则抽取系统

AutoSlog 抽取的是单一内容，其抽取规则来源于对源数据项的分析。在该系统定义的规则中，同时还有对每条规则定义的属性信息，包括规则的派生信息、规则的制造者以及规则的适用范围等。

3. 规则抽取的困难

信息抽取技术是自然语言处理领域的必备技术，具有编写规则所见即所得的特点，但也具有以下难点：

（1）世界上的语言是多种多样的，要想深入地研究各种语言的语法及规则绝非易事，更不用说语言之间的巨大差异。

（2）语言是有时代性的，通常规则的变化是滞后于语言的变化的，这就需要不断地学习，才能让信息抽取系统的抽取规则不过时。

（3）规则并不是全能的，也有规则无法克服的困难，因为语言的复杂性比规则本身有过之而无不及。

（4）知识处理中的困难在于，让机器能够像人一样感性地理解语言的美，也就是真正理解语言而非用固定的规则和框架来限定语言与句式的结构，以实现信息抽取。

2.4.4　基于统计模型的信息抽取

1. 原理

统计与规则，二者的区别在于：前者是一种基于概率的非确定性的信息抽取模型；后者是一种面向实际应用的用属性来代替定量计算的方法。当出现规则无法胜任的工作时，就会采用基于统计的信息抽取模型。因为定量分析在这种情况下要比定性描述简单得多，此时语料库的出现就是用来分析自然语言的统计属性。于是，基于大规模语料库的概率统计模型成为信息抽取的一种必然趋势。常见的基于统计模型的信息抽取的大致过程就是将文本转化为向量的形式，然后通过设定模式匹配的参数来实现抽取，这其实也是一种规则，只是使用定量的方式来定义规则。经典的抽取系统及案例数不胜数，下面以支持向量机（support vector machine，SVM）为例，介绍采用经典的统计抽取方法的模型。

2. 支持向量机模型

支持向量机是一种基于结构风险最小化原则的机器学习算法，通过寻找一个最优的超平面来实现数据的分类。支持向量机根据数据复杂度的不同分为线性支持向量机和非线性支持向量机。

1）线性支持向量机

先探讨线性超平面，假如有 n 个训练数据点 $\{(x_1, y_1)\}, \{(x_2, y_2)\}, \cdots, \{(x_n, y_n)\}$，其中 $x_n \in \mathbb{R}^d$，$y_n \in \{-1, 1\}$，b 是常量。由此，可以使用式（2.3）来构造超平面，即

$$f(\boldsymbol{x}) = \mathrm{sgn}(\boldsymbol{w} \cdot \boldsymbol{x} - b) \tag{2.3}$$

式中，sgn 为符号函数，$\boldsymbol{x}$ 表示向量，$\boldsymbol{w}$ 为超平面的法向量。

同时可以获得最优超平面，并且利用中间平行原理，获取与超平面 H 平行的两个超平面，即

$$y = \boldsymbol{w} \cdot \boldsymbol{x} - b = 0 \tag{2.4}$$

而且这两个超平面到 H 的距离一样，其 H_1 和 H_2 超平面的公式如下

$$H_1: y = \boldsymbol{w} \cdot \boldsymbol{x} - b = 1 \tag{2.5}$$

$$H_2: y = \boldsymbol{w} \cdot \boldsymbol{x} - b = -1 \tag{2.6}$$

超平面 H_1 和 H_2 之间的唯一要求就是不包含任意向量，H_1 与 H_2 之间的距

离必须达到最大化。对于任意分割平面 H 以及与它相对应的 H_1 和 H_2，都能找到一个向量系数 $\boldsymbol{w}$。

若想得到最优超平面（图 2.6），在 H_1 超平面上设置积极向量，在 H_2 超平面上设置消极向量，这些消极数据才是起到决定作用的，所以称为支持向量，而其他的积极数据在模型训练的过程中起到的是非决定作用。

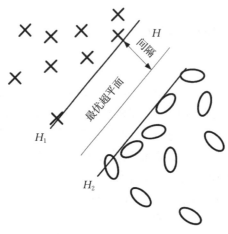

图 2.6　最优超平面

在二维平面中，点到直线 $Ax+By+C=0$ 的距离计算公式为

$$d=\frac{|Ax_0+By_0+C|}{\sqrt{A^2+B^2}} \tag{2.7}$$

式中，A、B、C 为不全为零的常量。参考式（2.7）可得，H_1 上某点到超平面 H 的距离为

$$\frac{|\boldsymbol{w}\cdot\boldsymbol{x}-b|}{\|\boldsymbol{w}\|}=\frac{1}{\|\boldsymbol{w}\|} \tag{2.8}$$

并且从超平面 H_1 到 H_2 的距离为 $\dfrac{2}{\|\boldsymbol{w}\|}$。所以，为了得到最优解，前提条件是在 H_1 和 H_2 之间没有数据存在的情况下，使得 $\|\boldsymbol{w}\|=\boldsymbol{w}^{\mathrm{T}}\boldsymbol{w}$ 最小，即

$$\boldsymbol{w}\cdot\boldsymbol{x}-b\geqslant+1,\ y_i=+1$$
$$\boldsymbol{w}\cdot\boldsymbol{x}-b\leqslant-1,\ y_i=-1$$

合并为

$$y_i\cdot(\boldsymbol{w}\cdot\boldsymbol{x}-b)\geqslant1 \tag{2.9}$$

因此，所求超平面既要使式（2.9）成立，也要满足式（2.10），即

$$\varPhi(\boldsymbol{w})=\|\boldsymbol{w}\|^2 \tag{2.10}$$

2）线性支持向量机的构造

支持向量机的关键点就是核函数的设计问题，在线性函数条件下，距离最小

是唯一的最优解。先把归属于两个函数 $y \in \{-1, 1\}$ 的样本集 $\{(\boldsymbol{x}_1, y_1)\}$，$\{(\boldsymbol{x}_2, y_2)\}$，$\cdots$，$\{(\boldsymbol{x}_n, y_n)\}$ 中的向量 $\boldsymbol{x}_n$ 分开，然后解方程，函数公式如下：

最小化泛函

$$\Phi(\boldsymbol{w}) = \frac{1}{2}(\boldsymbol{w} \cdot \boldsymbol{w}) \tag{2.11}$$

约束条件为不等式

$$y_i \cdot (\boldsymbol{w} \cdot \boldsymbol{x} - b) \geqslant 1, \quad i = 1, 2, \cdots, n \tag{2.12}$$

最后求解拉格朗日函数

$$L(\boldsymbol{w}, b, \boldsymbol{a}) = \frac{1}{2}(\boldsymbol{w} \cdot \boldsymbol{w}) - \sum_{i=1}^{l} \alpha_i((x_i \cdot \boldsymbol{w} - b)y_i - 1) \tag{2.13}$$

式中，α_i 为拉格朗日乘子。这里用拉格朗日函数，求与 $\boldsymbol{w}$、b 相关的最小值，并且求与 $\alpha_i > 0$ 相关的最大值，其中 $\boldsymbol{w}$ 是超平面的法向量，b 是超平面的常数项。在鞍点上，设最优的 $\boldsymbol{w}$ 和 b 为 $\boldsymbol{w}_0$ 和 b_0，$\min\limits_{\boldsymbol{w}, b} L(\boldsymbol{w}, b, \boldsymbol{a})$ 对 $\boldsymbol{a}$ 的极大值为 $\boldsymbol{a}^0$，求 $\boldsymbol{w}_0$、b_0 和 $\boldsymbol{a}^0$ 必须满足以下条件

$$\frac{\partial L(\boldsymbol{w}_0, b_0, \boldsymbol{a}^0)}{\partial b} = 0 \tag{2.14}$$

$$\frac{\partial L(\boldsymbol{w}_0, b_0, \boldsymbol{a}^0)}{\partial \boldsymbol{w}} = 0 \tag{2.15}$$

用多项式求和的方式来求解，概括了以下超平面特点：

（1）最优超平面，系数 α_i^0 必须满足约束

$$\sum_{i=1}^{n} \alpha_i^0 y_i = 0, \alpha_i^0 \geqslant 0, \quad i = 1, 2, \cdots, n$$

（2）最优超平面（向量 $\boldsymbol{w}_0$）是训练集中向量的线性组合

$$\boldsymbol{w}_0 = \sum_{i=1}^{n} \alpha_i^0 y_i \boldsymbol{x}_i = 0, \alpha_i^0 \geqslant 0, \quad i = 1, 2, \cdots, n$$

（3）进一步，只有所谓的支持向量可以在 $\boldsymbol{w}_0$ 的展开中具有非零的系数 α_i^0。当满足式（2.12）时，即为支持向量。因此得到

$$\boldsymbol{w}_0 = \sum_{\text{支持向量}} \alpha_i^0 y_i \boldsymbol{x}_i = 0, \alpha_i^0 \geqslant 0 \tag{2.16}$$

以上的结果利用库恩-塔克（Kuhn-Tucker）条件即可求解。由库恩-塔克条件，超平面成立的全等式是

$$\alpha_i^0(((\boldsymbol{x}_i \cdot \boldsymbol{w}_0) - b_0)y_i - 1) = 0, \quad i = 1, 2, \cdots, n \tag{2.17}$$

把 $\boldsymbol{w}_0$ 的表达式代入拉格朗日函数中，同时参照库恩-塔克条件，整合结果是

$$W(\boldsymbol{a}) = \sum_{i=1}^{n} \alpha_i^0 - \frac{1}{2} \sum_{i,j=1}^{n} \alpha_i^0 \alpha_j^0 y_i y_j (\boldsymbol{x}_i \cdot \boldsymbol{x}_j) \tag{2.18}$$

问题变成非负象限 $\alpha_i^0 \geqslant 0$（$i = 1, 2, \cdots, n$）中求极值的问题，且满足

$$\sum_{i=1}^{n} \alpha_i^0 y_i = 0 \tag{2.19}$$

根据式（2.17），支持向量机中的超平面是由拉格朗日乘子和支持向量共同决定的。因此，求解二次多项式成为设计超平面的核心。在约束条件 $\alpha_i^0 \geqslant 0$（$i=1$，$2,\cdots,n$）和式（2.19）下最大化式（2.18）的二次型。

设 $\boldsymbol{\alpha}^0 = (\alpha_1^0, \alpha_2^0, \cdots, \alpha_n^0)$ 为其假定解，则向量 $\boldsymbol{w}_0$ 的模等于

$$\|\boldsymbol{w}_0\|^2 = 2W(\boldsymbol{\alpha}^0) = \sum_{\text{支持向量}} \alpha_i^0 \alpha_j^0 (\boldsymbol{x}_i \cdot \boldsymbol{x}_j) y_i y_j \qquad (2.20)$$

因此，支持向量机分类的标准就是

$$f(\boldsymbol{x}) = \mathrm{sgn}\left(\sum_{\text{支持向量}} y_i \alpha_i^0 (\boldsymbol{x}_i \cdot \boldsymbol{x}) - b_0 \right) \qquad (2.21)$$

式中，$\boldsymbol{x}_t$ 为支持向量，α_i^0 为对应的拉格朗日乘子，b_0 为常数，且

$$b_0 = \frac{1}{2}\left((\boldsymbol{w}_0 \cdot \boldsymbol{x}^*(1)) + (\boldsymbol{w}_0 \cdot \boldsymbol{x}^*(-1)) \right) \qquad (2.22)$$

其中用 $\boldsymbol{x}^*(1)$ 表示分类一中的积极样本，用 $\boldsymbol{x}^*(-1)$ 表示分类二中的积极样本。

3）非线性支持向量机

利用非线性转换 $\Phi: \Re_n \to H$，把非线性函数变换为高维空间 H 中的线性问题。非线性函数变换一直都是解方程的难题，但是在前面的原理中，式（2.17）、式（2.18）最多是向量点积。假设 $\Phi(\boldsymbol{x}_i) \cdot \Phi(\boldsymbol{x}_j)$ 的点积为核函数 K，满足

$$K(\boldsymbol{x}_i, \boldsymbol{x}_j) = \Phi(\boldsymbol{x}_i) \cdot \Phi(\boldsymbol{x}_j) \qquad (2.23)$$

因此，向量空间的非线性变换就变换成两个向量的点积，这样就解决了非线性变换的问题。当核函数 $K(\boldsymbol{x}_i, \boldsymbol{x}_j)$ 满足默瑟（Mercer）条件（即核函数在训练样本上对应的核矩阵是对称半正定的）时，可以进行变换及向量的点积运算，即存在映射 $\Phi(\boldsymbol{x})$ 使式（2.23）成立，此时的分类函数为

$$f(\boldsymbol{x}) = \mathrm{sgn}\left(\sum_{i=1}^n \alpha_i^0 y_i K(\boldsymbol{x}_i, \boldsymbol{x}) + b \right) \qquad (2.24)$$

4）非线性支持向量机的构造

利用 $K(\boldsymbol{x}_i, \boldsymbol{x}_j)$ 的向量运算来取代点积运算，重新构造了一个向量空间，这时的函数是

$$W(\boldsymbol{\alpha}) = \sum_{i=1}^n \alpha_i^0 - \frac{1}{2} \sum_{i,j=1}^n \alpha_i^0 \alpha_j^0 y_i y_j K(\boldsymbol{x}_i \cdot \boldsymbol{x}_j) \qquad (2.25)$$

相应的判别函数也应变为

$$f(\boldsymbol{x}) = \mathrm{sgn}\left(\sum_{i=1}^n \alpha_i^0 y_i K(\boldsymbol{x}_i, \boldsymbol{x}_j) + b' \right) \qquad (2.26)$$

常用的核函数有以下几种：

（1）线性内积函数 $K(\boldsymbol{x}, \boldsymbol{y}) = \boldsymbol{x} \cdot \boldsymbol{y}$。

（2）多项式内积函数 $K(\boldsymbol{x}, \boldsymbol{y}) = ((\boldsymbol{x} \cdot \boldsymbol{y}) + c)d$。

（3）径向基内积函数 $K(\boldsymbol{x}, \boldsymbol{y}) = \exp\left(-\dfrac{|\boldsymbol{x} - \boldsymbol{y}|^2}{\sigma^2}\right)$。

（4）二层神经网络内积函数 $K(\boldsymbol{x}, \boldsymbol{y}) = \tanh\left(k(\boldsymbol{x} \cdot \boldsymbol{y}) + c\right)$。

非线性支持向量机的算法流程是：利用向量点积求解核函数，进而求解出高维空间，再求解最优超平面。其中，求解核函数是为了绕过非线性变换这个计算难点。

3. 统计模型的局限性

在上下文无关文本中引入概率因素，在绝大多数情况下，无疑是有积极作用的，这是自然语言研究中一个很大的进展。但是，通过概率统计来单一地计算信息抽取的内容及数据是不准确的。定量计算的方法的前提条件是处理文本中某个词或短语的比值是由其前面的词或短语限定的，即独立性的问题。当参数过多时，基于统计模型的信息抽取的方法就表现出了弊端：一是由于参数的具体值不能确定，需要具体问题具体分析来测试得到；二是样本参数太多会导致计算出错。

第3章 可计算的突发事件应急响应模型

应急响应从突发事件发生开始，到救援任务结束为止，是对突发事件的直接处置过程。应急响应行为通常遵循相关的应急预案或计划开展，并由特定的应急响应机构安排实施。突发事件应急预案是在对突发事件发生和发展规律认识的基础上，在以往突发事件处置经验和知识的指导下，为可能发生的突发事件事先制定的应对处理方案或措施。预案规定了应对突发事件时应当遵循的基本原则、处置流程、涉及的部门及其在处置过程中的职责和分工。制定应急预案的目的是在突发事件发生的状况下保证应急响应部门能够迅速、有效地开展应急救援任务，将事件造成的危害降到最小。由于突发事件发生的时间、地点、周围地理环境，以及事件的规模和状况事先都不能确定，因此，完备的应急预案要求充分考虑事件的差异性和发展趋势的各种可能性，尽可能对各种状况下的突发事件给出处置的方案。

3.1 突发事件应急响应过程分析

在突发事件应急响应的机构组织上，一个由不同部门、机构联合组成的应急指挥中心和由多个分布的执行机构组成的应急响应机构被普遍认为是一种有效应对突发事件的组织模式（Jennex，2007），而且这一模式已在很多国家的应急响应计划中被明确规定，如我国的《国家突发公共事件总体应急预案》、美国的《国家应急响应框架》。图3.1给出了由世界卫生组织给出的一个具有相同结构的突发事件应急响应组织形式。

图 3.1　世界卫生组织给出的突发事件应急响应组织形式

在我国,国务院是突发事件应急管理工作的最高行政领导机构。在国务院总理领导下,由国务院常务会议和国家相关突发事件应急指挥机构负责突发事件的应急管理工作。地方各级人民政府是本行政区域突发事件应急管理工作的行政领导机构,负责本行政区域各类突发事件的应对工作。在负责各级突发事件管理工作的领导机构下,设立突发事件管理常设机构,来处理事件发生后的联系和组织等事务。

当突发事件发生之后,政府突发事件管理常设机构根据事件的类型和严重程度启动相应的应急预案,并根据应急预案的要求成立由政府主要领导和事件主要处置部门的领导联合组成的应急指挥中心。应急指挥中心根据预案和事件的状况,安排应急事件主要处置部门进行先期处置。然后,收集事件相关信息进行综合分析,根据分析的结果安排需要执行的应急响应任务,并将必要的辅助信息发送到各个应急响应部门,同时在各个应急响应部门间进行有效的协调。各个应急响应部门根据应急指挥中心的安排调度各自的资源去执行应急响应任务,并定期地将应急响应任务的执行情况以及事件的状况报送到应急指挥中心。应急指挥中心根据事件的报告来确定事件应急响应是否可以结束,如果事件已经得到完全控制且事件的直接危害已经完全消除,则可以宣布应急响应结束,否则应急指挥中心需要对事件进行持续的跟踪。当事件状况发生了重大转变时,还需要对当前情况进行进一步的综合分析,并安排新的应急响应任务或调整已有的任务。图 3.2 给出了以上描述的突发事件应急响应的主要过程。

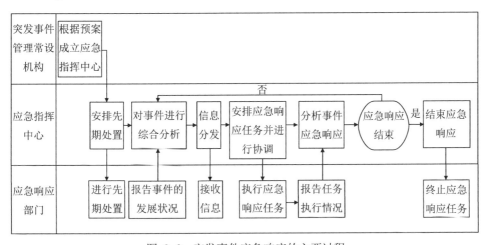

图 3.2　突发事件应急响应的主要过程

以上所描述的突发事件应急响应过程涉及三个方面的要素:应急指挥中心、应急响应部门和突发事件。各要素之间的交互关系体现在以下四点:

(1)应急指挥中心和各个应急响应部门需要及时获得事件和事件周围环境的

最新状况。

（2）应急指挥中心需要基于事件和事件周围环境的最新状况以及来自各个职能部门专业数据库中的数据进行综合分析，并做出应急处置的决策，主要包括需要开展哪些应急响应的任务，以及每个任务由哪些部门负责实施、哪些部门辅助实施等。

（3）各个应急响应部门根据自身的应急响应任务的需要，要求应急指挥中心提供一定的信息支持，以保障能够顺利地开展任务。

（4）应急响应部门与应急指挥中心之间以及应急响应部门彼此之间能够畅通地进行实时通信，以保障应急指挥中心的命令能够及时地送达各个应急响应部门，以及各个部门的应急响应任务能够协调进行。

在以上交互中，第四类主要涉及通信保障的内容，不在本书研究范围内，因此不做讨论。其他三类交互的内容实质是应急指挥中心和应急响应部门之间的信息传递，即应急指挥中心需要从应急响应部门提取需要的数据，并将应急响应部门需要的数据发送下去。可以使用图 3.3 来表达以上三类交互的内容，其中第一类由图中的 A 和 B 表示，第二类由 B 和 C 表示，第三类由 C 表示。

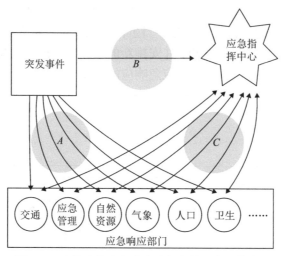

图 3.3 突发事件应急响应过程中的要素及其交互

通常应急响应涉及的部门众多，如果每个部门为获取事件的当前状况而安排人员负责对事件进行报告，则大量的人员会重复进行相同的工作，造成应急救援资源的浪费。因此，通常情况下应急响应是由事件的主要处置部门安排人员来监测事件的最新状况，并实时地向应急指挥中心报送，应急指挥中心再将事件的报告分发到各个应急响应任务的负责或辅助部门。事件报告是一种单向的数据传送，主要基于网络形式或其他远程数据发送的方法来实现。

应急响应过程中 C 部分表达的内容最复杂, 涉及应急指挥中心与其他应急响应部门之间的多次交互, 而且这种交互在不同类型的突发事件中往往存在差异。例如, 参与到一个事件应急响应中的部门可能并不参与到其他类型事件的应急响应中。C 部分包含的内容可以从两个层次进行分析: 首先, 应急指挥中心需要与哪些应急响应部门进行交互, 即哪些职能部门需要参与到突发事件的应急响应中; 其次, 应急指挥中心如何与应急响应部门进行交互, 即应急指挥中心和应急响应部门间需要传递的信息有哪些, 以及这些信息的来源是什么。

通过以上分析可以看出:

(1) 突发事件的应急响应主要涉及突发事件、应急指挥中心和应急响应部门三个方面的要素。

(2) 应急响应过程中与事件相关的活动主要是对事件发展状况的实时报送。

(3) 应急指挥中心和应急响应部门因应急响应任务而相互关联。应急指挥中心需要根据事件状况及多方面的信息确定需要执行的应急响应任务, 职能部门因被安排了特定的应急响应任务而参与到突发事件的应急响应过程中。

(4) 应急指挥中心和应急响应部门间交互的主要内容是对特定信息的需求。应急指挥中心需要根据多方面的信息来帮助其做出各种决策, 而这些信息很多是由不同的职能部门所管理。同时, 为了辅助应急响应任务顺利实施, 应急响应部门需要应急指挥中心提供必要的信息支持。

(5) 应急响应过程中辅助应急决策和应急响应任务的信息往往是经过处理和分析后得到的。

为了对突发事件应急响应进行建模, 需要对以上描述的几个方面进行定义和表达。其中, 事件的报送是一种单向且固定的活动, 可以采用特定的软件设计方法来实现, 而应急指挥中心和应急响应部门间的交互则是模型需要表达的中心。

3.2　突发事件应急响应模型研究

突发事件应急响应模型是对突发事件应急响应进行的系统建模, 其中表达了突发事件应急响应过程中的主要要素以及要素之间的交互关系。

3.2.1　应急响应模型的元素定义

应急响应模型的元素是构成应急响应模型的主体, 是对突发事件应急响应进行建模的基本单元。通过 3.1 节对突发事件应急响应过程的分析, 确定了由应急响应任务、应急响应部门、空间数据集和辅助决策模型构成的四类建模元素。

1. 应急响应任务

应急响应任务是应急响应过程中一系列相互关联的活动的总称，是应急决策人员在分配应急资源去应对突发事件时可操作的最小行动单元。

应急响应任务的根本目标是降低突发事件造成的危害，使人们的生产和生活秩序以及生态环境尽可能恢复到正常的状态。在不同类型或者相同类型但不同规模的突发事件的应急响应中对任务的需求都有可能不同。因此，应急决策人员的基本任务是对应急响应中需要执行的任务做出决策。

突发事件发生后，应急指挥中心需要安排应急响应人员执行必要的行动，以控制事态的进一步发展，并消除事件造成的危害。这种行动可以在最细微的层次上被划分成一系列操作，如消防人员使用水枪喷洒化学品储存罐泄漏口、消防人员使用吸附棉收集废水等，也可以在较粗的水平上被分解成很多活动，如消防人员对泄漏事件进行紧急处置、公安人员进行人员的紧急疏散等。行动粒度的划分决定了应急决策人员分配任务时的难度。当粒度划分较细时，大量的应急行动将使应急决策人员难以处理，以及应急行动间的协调变得非常困难。当粒度划分太粗时，一项行动往往涉及几个执行部门，容易造成责任划分不明确和部门间难以协调工作的问题。在目前广泛采用的多级应急响应体制下，行动的划分主要基于与政府职能部门的职能或其他非官方组织和私人团体的职责相一致的原则，即决策人员分配的任务的粒度与部门履行职能或组织、团体执行任务时实施的行动的粒度相当。在这种粒度的划分下，部门或者组织、团体作为统一的执行单元来接收应急决策人员分配的应急响应任务，然后将任务进一步划分并分配给具体的人员和资源去实施。

2. 应急响应部门

应急响应部门由政府的职能机构、非官方组织和民间团体等组成，是执行应急响应任务的主体。

在应急响应过程中，参与行动的人员来自不同的部门，并以部门为单元来执行应急响应任务。每项应急响应任务通常都由一个执行部门和多个辅助部门合作完成。执行部门是应急响应任务的执行主体，负责安排、部署和监督具体应急响应行为的实施，并协调与相关辅助部门和其他应急响应任务执行部门之间的行动。辅助部门是能够为应急响应任务的执行提供资源、技术和知识等方面支持的机构。执行部门和辅助部门都在应急指挥中心的要求下参与到应急响应中，并接受应急指挥中心的统一安排和调度。同时，各个辅助部门还需要与执行部门紧密合作，积极配合应急响应任务的实施。执行部门和辅助部门是依据分配的任务和部门的职能进行划分的。一项任务的执行部门可能会在其他任务中充当辅助部门的角色，而辅助部门也可能作为其他任务的执行部门。一个部门在一次突发事件的应急响应中通常会参加多项任务的实施。

3. 空间数据集

空间数据集由一系列与突发事件和应急响应任务相关的空间数据和属性数据组成,是辅助应急决策人员进行决策和应急响应人员执行应急响应任务的信息载体。

根据分析,空间数据集涉及三个方面的内容:事件报告、应急指挥中心从应急响应部门提取的数据和向应急响应部门发送的数据。在分配详细的应急响应任务前,这些空间数据集被汇集到应急指挥中心。在分配任务的同时,应急决策人员将空间数据集分发到任务的执行部门和辅助部门。为了避免不必要的数据对部门应急管理人员的干扰,发送到各个部门的数据与分配的应急响应任务直接相关。由于应急指挥中心对于任务的划分是以部门职能为基础的,因此,发送到部门的空间数据集往往起到辅助部门应急管理人员制定具体应急响应行动方案的作用。为了生成更详细的行动方案,各个部门往往还需要在这些空间数据集的基础上进行进一步的决策分析。

4. 辅助决策模型

辅助决策模型是针对某个或某些应急响应任务而开发的、可为任务执行提供辅助信息的数学模型,是产生空间数据集的主要途径。

辅助决策模型通常是针对特定类型的突发事件的特定任务而开发的,具有明确的适用范围,如为化学品事件而开发的应急撤离模型很难被运用到洪水或地震等突发事件中。模型不能通用的主要原因是不同类型的突发事件所造成的破坏是不同的,模型所设定的前提条件在一种类型的事件中能够满足,但在其他类型的事件中往往不能满足。因此,为了能够适应不同类型的突发事件,需要开发不同的辅助决策模型。模型的开发通常由一些专业研究机构完成,并且必须按照特定的规范来实施,以保障应急决策人员能够顺利地调用这些模型。另外,当大量模型被开发出来时,对于模型的管理也成为一个重要的问题,必须建立基于模型库和模型元数据的管理机制。有关模型规范和模型管理的内容将在第 4 章讨论。

3.2.2　应急响应模型的元素之间的关系定义

应急响应模型关系由元素之间的关系构成,说明了应急响应模型的四类元素在应急响应过程中的相互作用和联系。

通过对收集的大量应急预案进行分析,确定执行、依赖、需要三个正向的关系和相应的被执行、被依赖、被需要三个反向的关系。其中,正向关系是按照实际情况建立的从关系主体到关系客体的关系,而反向关系则是对关系主体和关系客体进行调换后而形成的关系。表 3.1 给出了应急响应模型的元素之间的关系。

依赖／被依赖关系，定义了空间数据集与辅助决策模型之间的关系，表示一个空间数据集由一个辅助决策模型产生。

表 3.1   应急响应模型的元素之间的关系

元素	应急响应任务	应急响应部门	空间数据集	辅助决策模型
应急响应任务		被执行	需要	
应急响应部门	执行			
空间数据集	被需要			依赖
辅助决策模型			被依赖	

执行／被执行关系，定义了应急响应部门与应急响应任务之间的关系，表示一项应急响应任务必须由一个或多个应急响应部门来实施。应急响应部门包括了所有与应急响应任务实施相关的机构，包括应急响应任务的执行部门和辅助部门。

需要／被需要关系，定义了应急响应任务与空间数据集之间的关系，表示一项应急响应任务的实施需要特定空间数据集的支持。

3.2.3   应急响应模型的元素的内容定义

应急响应模型的元素的内容定义是对应急响应模型中每个元素所具体包含的数据项的规定。为了保证应急响应模型能够用于各种类型的突发事件应急响应的建模中，应急响应模型的内容必须尽可能地考虑突发事件应急响应中的各种可能情况。

1. 应急响应部门的内容定义

应急响应部门的内容定义是要给出在各种突发事件应急响应中所有与应急响应任务相关的部门，包括应急响应任务的执行部门和辅助部门。

突发事件应急预案中对执行每项应急响应任务的部门有明确的规定，因此，应急预案是确定部门元素内容的主要依据。确定部门元素内容的方法为：①针对各种类型的突发事件，收集国家以及地方各级政府公布的突发事件应急处置预案；②分析每个应急预案，提取出其中与应急响应任务的实施有关联的所有部门；③对提取的部门进行合并和归类。在合并时，如果某个部门及其子部门同时出现在列表中，则主要依据以下原则来确定要保留的部门：①如果该部门的多个子部门都出现在列表中，则保留所有的子部门；②如果只有一个子部门出现在列表中，且出现频率远远高于该部门的出现频率，则保留该子部门；③如果以上条件均不满足，则保留该部门。

刘吉夫等（2008b）采用相类似的方法，对所收集的 300 多个应急预案进行了分析，得到了由 41 个应急响应单元构成的部门列表。在此，直接使用该部门列表作为应急响应模型中部门元素的内容项。表 3.2 给出了该应急响应部门列表以及每个部门的职能描述（按目前政府部门名称做了微调）。

表 3.2　应急响应部门列表及职能描述

部门代码	部门名称	职能描述
D1	应急管理部门	应急管理工作的行政领导机构，在应急响应过程中代表人民政府执行指挥功能，如应急委、应急办等
D2	通信部门	负责使通信网络畅通，提供通信保障，如信息办、通信管理局、通信公司等
D3	公安部门	负责治安管理工作，维护正常社会秩序
D4	消防部门	负责火灾等的消防工作，参与抢险救灾行动等
D5	交通运输部门	负责公路、水路、城铁等的交通行政管理工作
D6	铁路部门	负责铁路的行政管理工作
D7	民航部门	负责民用航空的行政管理工作
D8	人防部门	负责人民防空防灾工作，参与抢险救灾行动等
D9	地震部门	负责地震监测、防震减灾等相关工作，如地震局（办）等
D10	自然资源部门	负责土地、矿产、海洋等自然资源的规划、管理、保护与合理利用以及减灾等
D11	气象部门	承担气象工作的行政管理职能，负责气象防灾减灾等工作及其组织管理
D12	水利部门	负责水利相关的行政管理工作，负责防汛抗旱等工作及其组织管理
D13	林业部门	负责林业生产和减灾管理工作
D14	环保部门	负责环境保护及环境灾害等的管理工作
D15	农业部门	负责农业生产及农业灾害等的管理工作
D16	建设部门	负责城乡建设的规划管理工作
D17	安监部门	负责监察企业等的安全生产隐患，防止安全生产事故发生
D18	质监部门	负责产品的质量监督检查等管理工作
D19	市场部门	负责市场管理，稳定市场物价等
D20	商务部门	负责商品进出口贸易等的管理工作
D21	食品药品监督管理部门	负责食品、药品的监督管理工作
D22	卫生部门	负责灾区的卫生工作，为预防医疗卫生事故提供医疗支持等
D23	疾病预防控制部门	负责灾区的疾病预防控制工作，防止传染病的流行
D24	医疗机构	负责救助伤员、病人等

部门代码	部门名称	职能描述
D25	检验检疫部门	负责食品、药品等的检验检疫工作
D26	发展和改革委员会	负责拟订总体经济和社会发展政策,执行物价检查,如物价部门等
D27	民政部门	负责民政行政管理,负责应急响应过程中群众转移安置,发放救灾物资和救灾款等
D28	财政部门	为应急响应过程提供资金保障
D29	审计部门	监督应急响应过程的物资和资金调配、救灾款分配等
D30	监察部门	对应急响应过程中的各种行政行为进行监督
D31	教育部门	负责学校的安全管理工作等,如教委等
D32	新闻出版部门	负责新闻信息的发布、宣传教育等,如政府新闻办公室、广电机构、各类传媒等
D33	科技部门	为灾害的防治提供科学技术支持
D34	保险机构	负责灾害损失的理赔工作
D35	法制部门	为应急响应过程提供法律支持
D36	供电公司	负责电力的保障工作
D37	市政管理部门	负责基础设施保障工作,参与抢险救灾行动
D38	武警	应急救援的人力支持,参与抢险救灾行动
D39	民兵预备役	应急救援的人力支持,参与抢险救灾行动
D40	志愿者队伍	社区和群众组成的救援队伍,为应急救援提供人力支持
D41	协会组织	社会组织,参与救援救灾过程,提供物资等支持,如红十字会、慈善机构等

2. 应急响应任务的内容定义

应急响应任务的内容定义是给出在各种突发事件应急响应过程中所有可能被执行的应急响应任务。确定应急响应任务的方法主要是对收集的大量应急预案进行层次分析,找出预案中涉及的所有应急响应任务,并对它们进行归并。

在我国 2007 年 11 月 1 日开始实施的《突发事件应对法》中,将应对突发事件的过程划分为预防与应急准备、监测与预警、应急处置与救援和事后恢复与重建四个过程。国家和地方各级政府所颁布的应急预案基本按照这四个过程来安排应急响应任务。因此,这里主要对各类应急预案中的应急处置与救援部分进行分析,提取列入其中的应急响应任务。在应急预案中,对有些应急响应任务有比较明确的规定,如对事件进行先期处置、及时报送事件的状态、维护事件地点的社会秩序等。但有些应急响应任务只有在特定的事件场景下才会被实施,如动员社会力量参与到应急响应中、对市政工程进行抢修等。这种类型的应急响应任务通常以"当……时,(实施 / 执行)……"或者"如果……时,(实施 / 执行)……"等形式出现。有些应急预案对应急响应任务的规定较详细,即在一个较独立的应急响应任务下又进行了进一步的任务划分和规定。针对这种情况,要对所提取出的应急响应任务进行归并处理。归并的一般原则是,保持任务的独立性,即一个应急响应任务尽可能由一个应急响应部门来负责执行。

刘吉夫等(2008a)采用层次分析方法对所收集的 300 多个应急预案中所涉及的应急响应任务进行了提取,得到了由 20 个应急处置与救援任务构成的任务列表。这里直接使用该任务列表作为应急响应模型中应急处置与救援任务的内容项。表 3.3 给出了这 20 个任务的任务列表,包括任务代码、任务名称和任务描述。

表 3.3　应急预案中 20 个应急处置与救援任务列表

任务代码	任务名称	任务描述
T1	分级响应	确定灾害事件的级别,启动相应应急预案
T2	先期处置	主要包括灾害发生前期的人员准备、物资调配或工程保卫等工作
T3	人员救护	包括受灾人员的营救和救治等
T4	疏散转移和安置	疏散、转移并妥善安置受到威胁的群众等
T5	治安维护	对灾区社会秩序进行维护
T6	工程抢修	对损坏的交通、通信、供水、电气等设施和其他工程设备进行抢修
T7	交通管理	对灾区交通进行管理,确保交通通畅
T8	灾害检测与预测	对灾害进行进一步监测,并对其发展趋势进行预测
T9	环境保护	对环境进行保护
T10	卫生防疫	防治灾区传染病的发生等
T11	通信保证	采取措施,保证应急响应过程的通信畅通无阻
T12	灾民物资调配	调配物资,供应灾区人民生活
T13	市场秩序维护	防止扰乱市场秩序的行为出现,稳定物价,维护市场秩序
T14	社会力量动员	组织公民参与救援处置工作
T15	救灾资金筹办	准备救灾基金,为救援过程提供财力保障
T16	信息报送和处理	对与应急响应有关的信息进行报送和处理,包括灾害信息、灾情信息等
T17	灾害损失评估	对灾害信息进行汇总,评估经济等的损失状况
T18	行政监督	管理救援处置过程中的违法违纪现象
T19	信息发布	发布灾害信息、灾情信息以及政府公告等
T20	应急结束	确认应急结束,并发布应急结束公告

3. 辅助决策模型的内容定义

辅助决策模型的内容依据对当前国内外应急响应模型的分析确定,包括如下四种模型并分别以 M1、M2、M3 和 M4 表示。

(1)事件预测模型。事件预测模型是对事件的发展过程和趋势进行预测的物理模型。通常情况下,事件预测模型需要事件的特性以及事件发生地的环境状况等信息作为模型的输入,模型运算的结果是给出事件可能的发展和演化趋势。

事件预测模型的一般数学关系可以表示为

$$I(x, y, z) = f(l, t, C, S) \tag{3.1}$$

式中,$I(x, y, z)$ 为在点 (x, y, z) 处事件的强度,l 和 t 分别为事件发生的地理位置和时间,C 为事件的特征变量的集合,S 为影响事件传播和演化的环境变量的集合。

根据式(3.1),事件的强度由事件发生的地点、时间、事件本身的特征以及事件发生时的周围环境状况综合决定。对于不同类型的突发事件,对其强度的衡量是不同的,如对于地震灾害主要使用地震烈度来衡量,对于化学品泄漏事故主要使用有毒气体的浓度来度量。

(2)灾害评估模型。灾害评估模型主要是对事件可能造成的破坏和损失进行评估。针对不同类型的事件,模型评估的内容是不同的。一般情况下,人员伤亡、经济损失、环境破坏是评估报告的主要内容。为了对这些方面进行评估,模型需要使用不同类型的专业数据库。

灾害评估模型的一般数学关系可以表示为

$$D = f(I, E) \tag{3.2}$$

式中,D 为对事件所造成的破坏和损失,I 为事件的强度,E 为待评估要素的集合。

式(3.2)表明:事件所造成的破坏的大小是由受影响的要素以及事件施加到该要素上的作用力(即强度)共同决定的。对于不同类型的事件,待评估的要素并非完全相同,如地震灾害需要评估建筑物和基础设施的破坏程度以及人员伤亡情况,化学品泄漏事故主要评估受影响的人口规模。

(3)应急撤离模型。应急撤离模型是对应急撤离的过程进行建模,给出一个经过优化的撤离方案,并对该撤离方案的效果进行评估。

应急撤离模型的一般数学关系可以表示为

$$\min / \max Z = f(N, P, C, M) \tag{3.3}$$
$$\text{s.t. } R(N), R(P)$$

式中,Z 为需要优化(min / max 表示最小化或者最大化模型)的目标函数;N 为应急撤离时使用的网络;P 为需要求解的应急撤离方案,是由一个或多个变量构成的集合;C 为应急撤离成本的集合,通常包括撤离的时间或者撤离路径的长度等；M 为可施加到应急撤离过程中的人为干预措施的集合，如阶段性撤离、反向车道等是常用的人为干预措施；s.t. 表示约束条件；$R(N)$ 和 $R(P)$ 分别为应急撤离网络和应急撤离方案中定义的约束的集合，通常包括撤离网络的流量约束、撤离节点的容量约束以及撤离方案中待求变量的约束等。

式（3.3）表明：应急撤离模型的目标是在满足一系列约束条件的情况下，求解出使应急撤离的效果最佳（即最大化或最小化目标函数）的撤离方案。由于不同类型的事件所造成的影响会有差别，因此，目标函数在不同的突发事件中也会不同。

（4）资源配置模型。资源配置模型确定应急计划区内的资源需求节点和资源汇集节点，分析需求节点的资源需求情况和汇集节点的资源存储情况，给出一个能够使资源得到最大化利用的资源分配和运输方案，并对该方案进行评估。

资源配置模型的一般数学关系可以表示为

$$\min / \max Z = f(N, P, C) \qquad (3.4)$$
$$\text{s.t.} \quad R(N), R(P)$$

式中，Z 为需要优化（$\min / \max$ 表示最小化或者最大化模型）的目标函数；N 为配置资源时使用的网络；P 为需要求解的资源配置方案，是由一个或多个变量构成的集合；C 为资源配置成本的集合，通常包括运输资源需要的设备或者需要花费的时间等；s.t. 表示约束条件；$R(N)$ 和 $R(P)$ 分别为资源配置网络和资源配置方案中定义的约束的集合，通常包括资源配置网络中对路段流量和节点容量的约束以及对资源可供应量的约束等。

式（3.4）表明：资源配置模型的目标是在满足一系列约束条件的情况下，求解出使资源配置的效果最佳（即最大化或最小化目标函数）的配置方案。在应急状况下，可供应的资源往往难以满足对资源的需求，而且不同地点对于不同类型资源的需求程度也不相同，因此，使事件所造成的损失最小化或者使未得到满足的资源需求量最小化往往是资源配置模型的目标函数。

4. 空间数据集的内容定义

空间数据集支持应急响应任务的执行，空间数据集的类型包括两种：基础数据集和专题数据集。

（1）基础数据集是由从分布在各个部门的数据库中提取出的数据构成的，主要可以概括为以下四类，分别以 DT1、DT2、DT3 和 DT4 表示。

——基础地理数据（DT1）。反映了事件发生地点及其周围的地理环境状况，主要内容可以包括地理空间框架数据和遥感影像数据。在各种类型的突发事件应急响应中，基础地理数据通常都是必需的基础数据。

——道路网络数据（DT2）。事件发生地点及其周围的道路网络，是突发事件应急响应中执行救援和物资调配等任务所必需的基本数据。道路网络数据通常要基于地理信息系统网络模型创建，目的是支持网络分析功能的实现，如在应急撤离模型或资源配置模型中进行的以交通网络为基础的优化分析。

——人口数据（DT3）。即事件发生地区的人口统计数据。人口数据能够使应急响应人员了解事件发生地点及其周围的人口数量和分布状况等，从而有效地帮助应急救援和疏散等任务的实施。

——经济数据（DT4）。事件发生地区的经济统计数据，主要包括产业构成、重要经济单位及其各种经济指标等。经济数据能够使应急响应人员对事件造成的经济损失进行初步的估计，并帮助进行减灾任务的安排和部署。

（2）专题数据集是由与特定突发事件紧密相关的数据构成的，通常由辅助决策模型在基础数据集的基础上创建，是应急响应决策和应急响应任务执行的重要依据。专题数据集包括以下五类，并分别以 DT5、DT6、DT7、DT8 和 DT9 表示。

——事件报告（DT5）。是对事件及其发展过程的记录，主要包括对事件特征及周围环境的定性或定量描述、事件的发展状况说明、应急响应任务的实施情况等。事件报告由事件主要处置部门的人员负责创建和上报。事件报告中有关事件特征和周围环境的信息通常要被事件预测模型所使用，而对事件发展状况和应急响应任务实施情况的说明则为应急决策人员制定应急响应任务提供了重要的支持。

——事件预测报告（DT6）。由事件预测模型产生，主要包括事件可能会影响到的区域（应急计划区）、区域内不同地点事件将造成的影响程度等内容。

——灾害评估报告（DT7）。由灾害评估模型产生，是对事件影响进行的定量估计。根据事件类型的不同，灾害评估报告的内容也有差异。

——应急撤离方案（DT8）。由应急撤离模型产生，内容主要包括应急计划区内可用的撤离路径系统、撤离的规模、每个撤离节点的撤离路线，以及在设定的撤离方案下撤离过程需要的时间和可能造成的人员伤亡等情况。

——资源配置方案（DT9）。由资源配置模型产生，内容主要包括每个资源汇集节点分配给每个资源需求节点的资源种类和数量，以及在该分配方案下资源需求节点仍未得到满足的资源种类和数量。

表3.4给出了以上确定的四种辅助决策模型和空间数据集的依赖关系。

表3.4　辅助决策模型和空间数据集的依赖关系

模型代码	创建的专题数据集	依赖的基础数据集
M1	DT6	
M2	DT7	DT1、DT2、DT3、DT4
M3	DT8	DT1、DT2、DT3
M4	DT9	DT1、DT2、DT3、DT4

3.2.4   突发事件应急响应模型定义

基于以上对应急响应模型的元素、元素之间的关系，以及元素的内容的定义，可以构建完整的突发事件应急响应模型。

图 3.4 给出了基于以上定义创建的突发事件应急响应模型的结构示意图。在模型中，应急响应任务处于模型的中心地位，这是因为：①应急决策人员是通过分配应急响应任务来对事件进行干预和处置的；②应急响应任务决定了应急响应模型需要提供的信息的内容。通过应急响应任务，模型将应急响应部门、空间数据集和辅助决策模型连接在一起。一方面，一项应急响应任务必须由一个或多个应急响应部门来执行，应急响应任务与应急响应部门之间使用了被执行的关系。另一方面，一项应急响应任务的执行需要特定的信息保障，应急响应任务与空间数据集之间基于需要关系相互关联，而空间数据集又由特定的辅助决策模型来创建，两者间又构成了依赖关系。

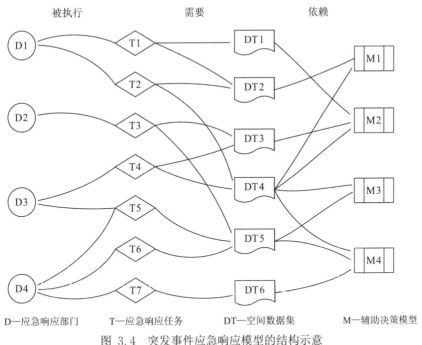

图 3.4   突发事件应急响应模型的结构示意

突发事件应急响应模型是在对突发事件应急响应复杂过程进行概括和抽象的基础上对突发事件应急响应进行的系统建模，表达了突发事件应急响应过程中的关键要素以及要素之间的信息交互。由于在模型研究过程中充分考虑了突发事件的多样性和复杂性，模型元素的定义是在对突发事件应急响应过程进行系统分析的基础上进行的，模型内容的定义是在对大量应急预案和应急响应过程进行研究的基础上实施的，因此，突发事件应急响应模型能够适用于各种类型突发事件的应急响应建模。

　　模型中，应急响应部门、应急响应任务和空间数据集的内容是稳定不变的，即针对不同类型突发事件的应急响应建模都是从已确定的 41 个应急响应部门、20 个应急响应任务和 9 类空间数据集中进行选择。辅助决策模型的内容是因突发事件的不同而不同的，即为不同类型突发事件提供的四类辅助决策模型是完全不同的。为了使突发事件应急响应模型具有通用性和普适性，需要针对各种类型的突发事件开发相应的四类辅助决策模型。图 3.5 给出了需要构建的一个辅助决策模型体系，其中针对每类突发事件均要求按照式（3.1）～式（3.4）的基本原理开发相应的 M1～M4 四类辅助决策模型，并将模型按照"突发事件类型—辅助决策模型类型"的方式进行组织。借助于这个模型体系，当面对不同类型的突发事件时，应急决策人员可以选择与事件相对应的辅助决策模型来应对。

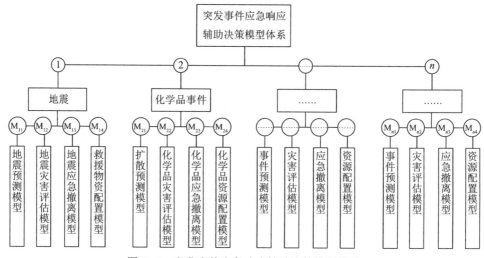

图 3.5　突发事件应急响应辅助决策模型体系

　　通过突发事件应急响应建模，应急响应过程被清晰而明确地表达出来，从而可以有效地指导应急响应各种行为。一方面，模型能够帮助决策者快速地收集相关的信息资源来进行集成分析，并在其基础上做出更合理的应急响应决策。另一方面，模型明确了应急响应任务以及分工与协作关系，为应急响应任务的高效完成提供了保障，而且有利于对突发事件应急响应进行系统的管理。

　　突发事件应急响应模型由应急指挥中心的决策人员创建，创建的主要方式是从应急响应模型的元素的内容列表中选择需要执行的任务、任务的执行部门、任务需要的空间数据集以及空间数据集依赖的辅助决策模型。这种选择的过程实际上可以看作应急决策人员对需要执行的应急响应任务进行的决策。模型的定义可以在第 9 章所研究的应急地理信息集成分析服务系统的帮助下进行。该系统提供了一种基于模板的模型创建方式,可以极大地提高应急响应模型创建的效率和工作量,同时,还使研究的突发事件应急响应建模方法能够被方便、快速地运用到各种类型突发事件的应急响应中。

3.3　突发事件应急响应模型的计算

如 3.2 节所述,突发事件应急响应模型实现了对突发事件的系统建模,表达了应急响应过程涉及的主要要素以及要素之间的交互关系。但是,模型只是提供了一种以结构化文本的形式来表达应急响应复杂过程的方法,要真正实现为突发事件应急响应决策和应急响应任务执行提供信息辅助和支持,提高突发事件应对能力,还需要实现模型所表达的要素之间的交互,即需要对模型进行计算。

突发事件应急响应模型的计算就是使用计算机来实现模型所描述的整个信息流。模型计算的具体过程可以概括为如下几个步骤:

(1)解析突发事件应急响应模型,确定决策人员指定的需要执行的应急响应任务、应急响应任务的执行部门和应急响应任务需要的空间数据集。

(2)提取分布在不同应急响应部门的空间数据库中的基础数据集。

(3)根据空间数据集与辅助决策模型之间的依赖/被依赖关系,确定需要执行的辅助决策模型。

(4)执行辅助决策模型,创建各种专题数据集。

(5)根据应急响应任务与应急响应部门之间的执行/被执行关系,确定需要特定空间数据集的应急响应部门。

(6)将创建的空间数据集发送到应急响应任务的执行部门。图 3.6 给出了以上过程所描述的模型计算流程。

实现以上计算流程的三个关键步骤是:

(1)执行应急响应模型中所定义的辅助决策模型。

(2)提取辅助决策模型计算所需要的数据集。

(3)将创建的空间数据集发送到应急响应任务的执行部门。

步骤(2)和步骤(3)需要解决的核心问题是分布数据资源的应用,即基础数据集的提取和专题数据集的分发,因此可以将其作为同一类问题来解决。以下分别对上面两类问题进行研究。

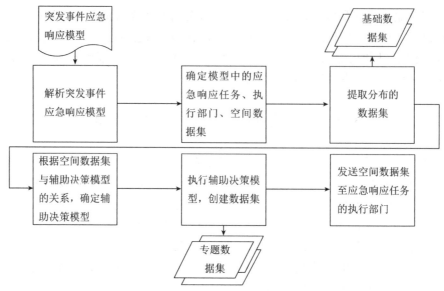

图 3.6 突发事件应急响应模型计算流程

3.3.1   基础数据集的提取和专题数据集的分发

基础数据集的提取和专题数据集的分发主要依靠空间服务技术实现。针对需要共享的专业数据库，先要求各个部门基于网络协议开发数据访问服务，然后将服务注册到服务注册中心。同时，各个应急响应部门也开发各自的应急数据服务并进行注册。当辅助决策模型需要特定分布数据库中的数据时，模型的计算程序可以调用服务注册中心中的数据访问服务来获取所需的数据。当应急决策人员执行应急响应模型并分发创建的空间数据集时，计算程序将调用应急响应部门的应急数据服务并将数据分发到各个应急响应部门的系统中。

服务的开发应当遵循开放地理空间联盟（OGC）提出的 WFS、WCS 等空间信息服务标准。WFS 是地理要素共享和互操作的标准规范，对于分布矢量数据的访问应当按照 WFS 标准进行。WCS 是栅格影像访问和共享的标准规范，对于分布栅格数据的访问应按照 WCS 的要求进行。表 3.5 分别给出了 WFS 和 WCS 标准中定义的操作及其说明。

根据表 3.5 对需要提供的分布数据访问服务和数据分发服务进行定义，图 3.7 给出一个服务定义的方案。根据 3.2.3 小节确定的应急响应模型中空间数据集的内容，分别开发数据访问服务和数据分发服务。数据访问服务实现对基础数据集的快速提取，包括针对 DT1～DT4 分别开发的、符合 WFS 和 WCS 标准的基础地理数据服务、道路网络数据服务、人口数据服务和经济数据服务。数据分发服务完成对基础数据集或专题数据集的快速传送,包括为 41 个应急响应部门分别开发的数据分发服务,服务的操作按照 WFS 和 WCS 的标准确定。

表 3.5　WFS 和 WCS 标准中定义的操作及其说明

标准	操作	说明
WFS 标准	GetCapabilities	返回 WFS 内容的描述文档(XML),包含 WFS 的版本、服务名称、内容等
	DescribeFeatureType	返回请求的地理要素数据的详细说明文档(XML)
	GetFeature	返回请求的地理要素实例
	Transaction	提供对地理要素进行的事务操作,包括 INSERT、UPDATE、DELETE、QUERY 以及 DISCOVERY 等命令
	LockFeature	处理在一个事务期间对一个或多个要素类型实例上锁的请求
WCS 标准	GetCapabilities	返回 WCS 内容的描述文档(XML)
	DescribeCoverageType	返回请求的栅格图层的详细说明文档(XML)
	GetCoverage	返回请求的栅格图层

图 3.7　分布数据访问服务和数据分发服务方案

3.3.2　辅助决策模型的执行

根据 3.2.4 小节,要实现突发事件应急响应模型的计算,必须构建一个辅助决策模型体系,体系中包含了为不同类型的突发事件应急响应而开发的辅助决策模型。式(3.1)~式(3.4)给出了这些辅助决策模型的基本建模原理,但是开发具体的模型必须由专业的研究人员来完成,而且针对不同类型的突发事件必须由不同的专业研究机构和人员来开发模型。在这种情况下,如果不对模型的访问接口、封装方式等进行统一的规定,则开发的辅助决策模型必定在这些方面存在巨大的差异,这将给模型的执行和调用带来很大的困难。因此,定义模型开发和封装的标准规范,并要求各个研究机构和人员按照该标准规范去开发辅助决策模型,是实现突发事件应急响应模型的可计算必须解决的一个问题。

当模型体系中的辅助决策模型逐渐增多时,模型的组织和管理将成为一个基本问题。如 3.2.4 小节所述,应急响应人员在创建应急响应模型时要指定 M1~M4 四类辅助决策模型,如何快速地确定所需要的模型,必须依赖于对模型的合理组织和管理。图 3.5 给出了根据"突发事件类型—辅助决策模型类型"的模型组织方式。除此之外,还应当为模型提供必要的说明文档,以方便决策人员了解模型的功能和用途,为选择合适的模型提供依据。

如表 3.4 所示,辅助决策模型通常要使用基础数据集中的数据,而这些数据又来源于不同的管理部门,提供的数据与模型计算所需要的数据经常存在不匹配的情况,此时需要对通过数据访问服务获取的数据进行必要的处理,使其能够被模型直接使用。

应急响应模型所定义的四类辅助决策模型是一种粒度较粗的模型,在很多建模研究中往往由一些粒度较细的模型耦合而成,而这些粒度较细的模型在很多机构和研究者以往的工作中已经被大量地开发。因此,如果能提供基于模型耦合机制来创建辅助决策模型的方法和软件工具,将避免很多重复的模型开发工作,提高辅助决策模型的开发效率,保障应急响应模型的广泛应用。

以上需求都是执行辅助决策模型需要解决的关键问题。对于这些问题的研究构成了模型服务系统的核心研究内容。模型服务系统是一个对辅助决策模型提供管理、集成建模、执行以及控制的信息系统。

第4章　应急响应集成建模与服务技术

集成建模的根本目的是实现不同模型方便、快速地耦合和执行。集成建模研究的主要动力来自两个方面：

（1）多学科、多尺度研究项目的推动。这个动力主要来源于生态、环境和社会科学等领域。在这些领域中，很多的研究项目都涉及多个学科或多个领域，因此，将这些学科和领域里的模型集成在一起来解决问题成为目前一个重要的研究方法和趋势。另外，从不同的尺度（如宏观、中观、微观）对同一个现象进行研究，并对结果进行集成分析，也成为科学研究的一个重要方法和手段。

（2）模型重用的需求。在研究和实际应用中，大量的工作需要使用已有的各种模型，这促使模型被封装成特定的软件构件（如模块、组件等）提供给使用者。但是，由于缺乏对模型接口、定义、元数据等内容的统一规范，不同组织和机构提供的构件难以集成，这个问题也促进了集成建模的研究。为了支持第3章提出的突发事件应急响应模型的计算，本章对模型服务系统进行研究，探讨模型服务系统的结构、模型管理、模型耦合等关键问题，并设计模型服务系统的系统原型。

4.1　集成建模研究现状

模型服务系统需要提供模型的耦合机制，因此属于集成建模研究的范畴。

根据集成建模主要侧重的问题领域和采用的实现方法，可以将集成建模研究和相应的系统划分成三类：

（1）扩展已有建模系统，以支持空间建模的能力。这种类型研究主要通过对已有的一些建模系统进行扩展，或者将地理信息系统集成到其他系统中，来满足特定建模工作的需求。一般情况下，这些系统所提供的集成建模能力比较弱，并通常作为其他两种方法的基础。

（2）多范例集成建模。这种类型研究的目的是实现由不同建模范例构建的模型的集成，如离散事件模型、系统动力学模型、基于主体的模型等。由于不同建模范例对于相同的问题有不同的视点和表达方法，因此对这样的模型进行集成时需要进行模型之间变量表达方式和相应数据的转换。多范例集成建模的典型例子包括 Villa 等（2000）、Krasnopolsky 等（2006）、Ratze 等（2007）集成的模型。

（3）基于组件的集成建模。这种类型研究的目的是通过使用组件技术来实现跨组织、跨机构、广泛的模型集成。这种方法通过相互关联的三个步骤来实现模型集成：①定义规范的模型接口；②将模型封装成实现了模型接口的组件；③提供必要的工具来支持模型的封装和组件之间的交互。目前，建模框架是这类研究中最重要的方向。建模框架通常为集成建模提供了较完善的支持和基础工具，如提供对各种网格、投影和坐标系的支持。另外，很多框架还提供了对高性能计算的支持。基于组件的集成建模系统的例子有 Watson 等（2004）集成的模型。一些得到广泛使用的建模框架有美国国家航空航天局、美国国家科学基金会和美国国防部共同支持下的主要用于地球系统天气和气候建模的地球系统模型框架（Earth System Modeling Framework, ESMF），美国密歇根大学的空间环境建模中心开发的用于太阳—地球系统大气建模的空间天气模型框架（Space Weather Modeling Framework, SWMF），欧盟支持下开发的用于全球气候建模的综合地球系统建模程序（Program for Integrated Earth System Modelling, PRISM），欧盟支持下 HarmonIT 项目所开发的用于水文水环境集成建模的欧洲开放建模模型（Open Modelling Interface, OpenMI）。

在三种方法中，基于组件的方法对于解决来自于多个领域或多个机构的模型集成问题最适用，这符合模型服务系统所要求的多源模型耦合的特征，因此采用基于组件的方法来构建模型服务系统。

4.2　模型服务系统的结构

4.2.1　系统结构

模型服务系统是支持突发事件应急响应模型计算的核心，同时也是数字城市基础服务平台中的一部分。作为支持专业模型管理、耦合和计算的软件系统，模型服务系统在逻辑上由数据层、功能层和接口层组成（图4.1）。

数据层由模型元数据库和模型库组成，分别用于存储模型的元数据和模型组件。模型库中每个模型都有各自的工作路径，用于存储模型的配置文件和输入、输出数据。功能层支持模型服务系统功能的实现，并按照功能需求划分成一系列的模块。用户的建模或调用操作由功能层的模块进行处理，并进一步通过对数据层的操作得到实现。接口层为用户使用模型服务系统的功能提供了操作界面。模型服务系统提供了两种接口：建模接口和服务接口。前者基于客户端－服务器的结构，主要提供给模型创建者，用于建立新的模型；后者基于浏览器－服务器的结构，主要为数字城市的广大用户提供模型的浏览、查看、注册和调用服务。

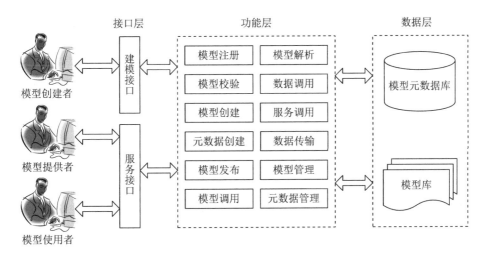

图 4.1　模型服务系统的结构

4.2.2　基础支持库

基础支持库是模型服务系统的核心构件,由一些粗粒度的对象组成,模型服务系统的各种功能模块均是基于基础支持库实现的。图 4.2 给出了基础支持库的核心类,其中应用、组件和变量是模型服务系统实现各种功能的最重要的三个基础类。组件类是模型组件的根类,其中定义了模型封装时必须实现的接口方法(见4.3.1 小节)。模型所暴露的输入、输出变量根据类型由某一个具体的变量类进行表达。目前,方法支持三种变量类型:基本变量、矢量数据和场变量。每个模型都有两个状态对象,即输入状态和输出状态,分别存储模型的输入变量和输出变量。

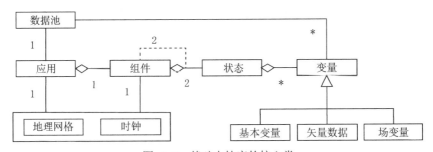

图 4.2　基础支持库的核心类

模型中所涉及的空间特性和时间尺度分别由地理网格和时钟表示。地理网格定义了模型所覆盖的地理范围、模型中场变量的采样规则和分辨率,以及地理网格所基于的地理坐标系。地理网格提供了对不同分辨率的地理栅格数据进行重采样的功能,利用这个功能模型服务系统可以对多源的地理栅格数据进行融合。时钟定义了模型所表达的物理过程的起始时间、终止时间，以及模型对物理过程进行相邻两次采样（即模型运算）的时间间隔。当模型包含多个运算步时，在每次运算完成后，模型将驱动自己的时钟向前移动一个采样时间间隔，并与其他模型进行一次必要的数据交换。当时钟到达终止时间时，模型运算完毕。时钟方法能够支持仿真模型的集成，这对于地球科学中很多需要进行地球物理过程模拟的研究非常有用。

应用类是包裹顶层模型的应用程序的根类，其中定义了应用程序要实现的接口方法。这些方法为研究者提供了控制应用程序运行过程的入口。应用程序中还包含一个数据池，其中存储了集成模型中所有需要进行数据交换的输出变量的副本。当一个模型运算完成时，它将其他模型所需要的输出变量与数据池中相应变量的副本进行更新，其他模型则通过变量副本获得所需变量的新值。通过对数据池缓存大小的配置，研究者可以提升模型运算的效率。当具有数据依赖关系的模型的计算量存在差异时，较大的数据池可以避免运算较快的模型在每个运算步都等待运算较慢的模型。

4.3　模型管理

4.3.1　模型接口规范

模型接口规范是实现模型管理和执行的基础，只有辅助决策模型的开发者按照要求的接口规范封装并提供模型，模型服务系统才能够执行和控制辅助决策模型。

基于易于实现和适用性强的原则，将模型接口设计为由三个方法组成，将应用接口设计为由六个方法组成。下面给出每个方法的说明。

1. 模型接口

（1）Initialize（List inVariables, Grid grid, Clock clock, Messenger messenger）。初始化模型组件。通常，模型在该方法内创建并初始化输入变量和输出变量，创建模型的地理网格和时钟对象。用户可以通过 inVariables 参数对模型的参数（看作模型的输入变量）进行配置，而模型可以通过 messenger 参数发送消息给应用程序。

（2）Run（ ）。执行一次模型运算。每个模型都在一个独立的线程中执行运算，应用程序通过时钟和数据池的同步机制来控制模型之间交换数据的正确性。

（3）Finalize（ ）。释放分配给模型的资源。通常，模型在该方法内释放所有的变量和文件资源。

2. 应用接口

（1）Initialize（List inVariables, List outVariables, Grid appGrid, Clock appClock, IOSpec ioSpec, Messenger messenger)。初始化应用程序,将调用顶层模型的 Initialize 方法。用户通过 inVariables 参数配置模型参数,通过 outVariables 参数设置需要查看的模型输出变量。

(2)Startup( )。运行应用程序,将调用顶层模型的 Run 方法。

(3)Pause( )。暂停应用程序的运行。

(4)Resume( )。恢复被暂停的应用程序。

(5)Stop( )。停止应用程序的运行。

(6)Finalize( )。释放分配给应用程序的资源,将调用顶层模型的 Finalize 方法。

应用接口方法通过调用对应的模型接口方法来驱动模型的运行,并将用户输入的模型参数传递到顶层模型中,而顶层模型又采用深度优先的规则依次调用耦合的子模型,子模型间的方法调用顺序由定义的耦合方式决定(图 4.3)。模型变量具有向下包容性,即耦合模型包含被耦合模型的所有输入和输出变量,因此,顶层模型能够访问模型中包含的所有变量。这种设计能够保障粗粒度的模型也可以给用户暴露充分的模型细节,而用户可以根据需要选择要查看的模型变量。

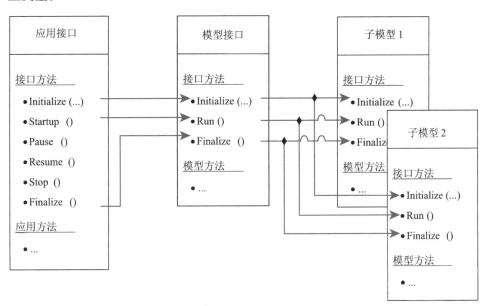

图 4.3 集成模型的层次调用关系

4.3.2 模型元数据

模型元数据是对模型的结构、接口、变量和提供者等的说明。利用模型元数据,突发事件应急决策人员可以方便地了解辅助决策模型的功能与效用,从而能够选择更合适的模型去应对事件。另外,模型元数据对于模型耦合也是必不可少的,可以帮助模型服务系统来验证模型耦合操作是否有效。

目前已有很多种针对地学模型的元数据构建方案被提出,但是,这些方案都是为了解决特定领域或特定类型问题而被提出的,在元数据的内容上存在很大的差异。近年来,随着跨学科、跨领域的研究和工程项目增多,模型共享和模型集成的问题受到了越来越多的关注,而模型元数据又是实现模型共享和集成的重要基础。因此,模型元数据的标准化问题日益得到重视,并有模型元数据的标准草案被提出。但是,由于不同领域在模型表达、分类等方面存在很大的差异,还没有形成一个被广泛接受的模型元数据标准。

在模型服务系统中,设计了一个由三层元数据(应用层元数据、组件层元数据和变量层元数据)和五个元数据对象(地理网格、时钟、单位、提供者和研究领域)构成的模型元数据方案。

应用层元数据处于模型元数据的顶层,记录了包裹模型的应用程序的元数据,主要包括应用的名称、包含的顶层模型的代码、应用定义的地理网格和时钟的代码、应用创建机构的代码、应用创建和最后修改的时间、应用所属的领域分类等。组件层元数据记录了封装模型的组件的元数据,主要包括模型组件的名称、耦合的两个模型组件的代码、模型定义的地理网格和时钟的代码、模型组件创建的时间、组件创建机构的代码、模型所属的领域和模型中所定义的公共变量等。组件层元数据通过记录所耦合的模型组件的代码表达模型的层次结构(见4.4.1小节)。顶层模型通过耦合的模型组件的代码找到所耦合的两个子模型,子模型又可以进一步找到构建它们的子模型,直至搜索到最底层的原子模型为止。变量层元数据记录模型的公共变量的元数据,主要包括变量的名称、数据类型、变量单位的代码、缺省值、变量所属的领域和一个变量的映射列表等。在映射列表中,记录了具有相同物理意义的变量的代码。地理网格对象记录了一个地理范围以及对该范围进行网格划分的方案,主要包括地理网格的名称、地理范围的坐标值域、地理网格单元的尺寸等。目前,模型服务系统只支持二维地理网格的表达。时钟对象记录了一个时间的区段以及对该区段的分割方案,主要包括时钟的名称、时钟的起始和终止时间及时钟每个步长的跨度等。地理网格对象和时钟对象一起实际上是对模型的时空参考框架的定义。单位对象是对常用物理量的单位的定义。提供者对象记录了模型提供机构的基本信息。研究领域对象记录了对地学模型所属研究领域的划分方案。为了方便辅助决策模型体系的构建,研究领域对象采用图 3.5 给出的"突发事件类型—辅助决策模型类型"的划分方法。这样，应急决策人员就可以更快地确定某一个突发事件所需要的辅助决策模型。

当模型提供者将模型提交到模型服务系统中时，模型提供者还需要按照以上方案填充模型的元数据。如果模型创建者在模型服务系统中通过耦合方式来创建模型，则系统能够根据复合模型的结构自动创建模型的元数据。

4.4　模型耦合

4.4.1　模型的结构

为了支持模型的耦合操作，在模型服务系统中将模型划分成两类：包含具体模型实现代码的基本模型和包含耦合其他模型代码的复合模型。集成建模是一个不断将模型（基本模型或复合模型）耦合在一起的过程，其结果是形成一个具有树状结构的顶层模型，如图 4.4 所示。建模环境将根据耦合方式为顶层模型中每个新创建的耦合模型自动生成程序代码，并按照模型组件的要求进行打包，这个过程称为模型组件的实例化。实例化后的模型组件将成为复合模型，可以在之后的建模过程中使用。在顶层模型的外部，建模环境还将自动创建一个应用程序作为顶层模型访问的入口。这种设计方法（图 4.4）至少具有如下优势：

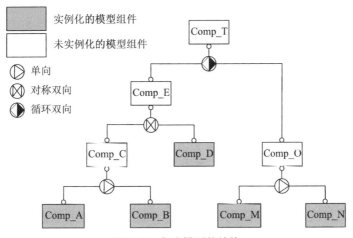

图 4.4　集成模型的结构

（1）更灵活的模型重用。通过模型耦合和模型组件的实例化，具有不同粒度的复合模型被创建，而研究者可以根据需要选择合适粒度的模型来使用。

（2）更容易的集成建模。集成模型中，耦合模型和应用程序的代码都由建模环境自动生成,研究者不需要编写任何代码就可完成模型的集成。

(3)更方便的应用发布。研究者可以方便地将包裹顶层模型的应用程序按照网络服务的规范进行封装,并进行网络发布。

4.4.2　模型耦合方式

耦合方式决定了两个子模型之间的数据依赖关系,这种关系体现在耦合模型调用子模型的顺序上,并在耦合模型被实例化时最终确定。

有三种模型耦合方式:单向、对称双向和循环双向(图4.4)。假设模型A和模型B耦合成模型C,时钟的运算步为t,则每种耦合方式的定义如下:

(1)单向耦合。在运算步t上,A需要B的数据,但B不需要A的数据。因此,在C中必须先调用B,然后再调用A。

(2)对称双向耦合。在运算步t上,A需要B在$t-1$步上生成的数据,B也需要A在$t-1$步上生成的数据。结果是,在运算步t上,A与B同步执行,然后将生成的数据进行交换。

(3)循环双向耦合。在运算步t上,A需要B在$t-1$步上生成的数据,B需要A在t步上生成的数据。结果是,在运算步t上,A先执行运算,并将结果传递给B,然后B执行运算,并将结果传递给A,形成一个循环。

4.4.3　模型兼容性校验

集成建模的一个重要基础问题是对需要耦合的模型之间的兼容性进行校验。模型的兼容性一般包含两层含义:技术上的兼容性和物理上的兼容性。前者强调模型耦合的可行性,即一个模型的输出是否能够在不发生冲突和不丢失精度的情况下被另一个模型所使用。一致的数据类型和精度、相同的或可转化的数据维度是保障技术上兼容的必备条件。后者集中在模型耦合的意义上,即一个模型的输出是否与另一个模型的输入具有相同的语义。相同的物理意义是保证物理上兼容的根本要求。技术上的兼容性通常用模型输入变量和输出变量的对比进行判定,而物理上的兼容性由于涉及语义,因此判断具有较大的难度。在模型服务系统中,为解决语义的校验问题,设计了一个基于模型元数据的开放概念框架(open concept framework, OCF)。OCF是一种表达模型变量语义关系的方法,存储在模型元数据中,由一个地学模型的分类体系和一个模型物理变量的列表构成。地学模型的分类体系由模型元数据方案中的领域对象实现,模型物理变量的列表由变量层元数据构成。

　　OCF 实现语义兼容性校验的方法与基于本体的方法相似，也是通过建立一个模型变量之间的映射关系来实现。但是，与基于本体的方法不同的是，这种映射关系不是事先建立的，而是由模型提供者逐步生成的。变量之间的映射关系被记录在变量层元数据中的变量映射列表中（图 4.5）。当一个新模型被提交时，模型提供者需要填充该模型的所有公共变量，以及每个公共变量与已有变量列表中具有相同的物理意义的变量，这些填充的信息被记录到模型的变量层元数据中。因此，随着系统中注册模型的数量逐渐增多，模型元数据所记录的变量之间的映射关系也将越来越多。这种方法的基本出发点是提供一种参与式的变量映射关系构建方式，从而能够避免基于本体的方法所面临的缺乏本体库的尴尬。但是，这种方法必须要求模型提供者正确而合理地定义模型变量之间的映射关系，否则系统将会基于不准确的映射关系去校验模型的兼容性。

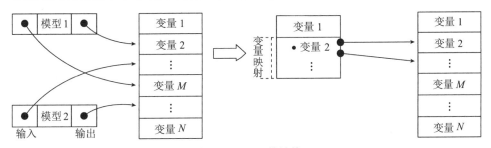

图 4.5　OCF 的结构

　　在模型服务系统中，模型的兼容性被划分成三个方面：空间的兼容性、时间的兼容性和语义的兼容性。它们与之前讨论的技术上的兼容性和物理上的兼容性具有相同的内容，只是划分的依据不同。兼容性的校验以模型元数据和 OCF 为基础，并根据设定的步骤进行。为了方便讨论，将模型耦合操作中的输出数据的模型组件称为源模型组件，输入数据的模型组件称为目的模型组件。相应地，源模型组件包含的地理网格和时钟等对象被称为源地理网格和源时钟，目的模型组件包含的地理网格和时钟等对象被称为目的地理网格和目的时钟。

1. 空间的兼容性

　　空间的兼容性是判断模型耦合操作中源模型组件的地理网格对象是否与目的模型组件的地理网格对象兼容。认定两个地理网格对象兼容的条件为：源地理网格具有与目的地理网格一致的或者更大的地理范围，以及相同的或者更高的地理网格分辨率。给定以上条件的主要依据是：目的模型组件要基于目的地理网格的划分从源模型组件的输出数据中提取数据，如果以上条件不满足，则目的模型组件将无法取得处于目的地理网格内但在源地理网格外的数据。

　　空间的兼容性校验，保证了源模型组件输出的数据与目的模型组件需要的数据具有一致的地理位置和空间尺度，因而确保了两个模型的空间参考的一致性。

2. 时间的兼容性

时间的兼容性是判断源模型组件与目的模型组件是否具有兼容的时间尺度和时钟分辨率。这个兼容性主要用在具有多个运算步的模型的耦合中。在这样的模型中,目的模型组件要在每个运算步上使用源模型组件生成的数据。因此,为了保证数据的一致性,源时钟的时间区段必须与目的时钟的时间区段一致,并且时间分辨率(即时间步长)也相同。

时间的兼容性校验,保证了源模型组件产生数据的时间与目的模型组件要求的数据创建时间一致,因而确保了两个模型的时间参考的一致性。

3. 语义的兼容性

语义的兼容性是判断源模型组件的输出变量是否与目的模型组件需要的变量具有一致的物理指向,即是否指示了相同的物理量。语义的兼容性校验的主要依据是 OCF,方法是设计的一种三步校验方法。将源模型组件的所有输出变量构成的集合定义为 S_o,目的模型组件的所有输入变量构成的集合定义为 S_i,则三步校验方法为:

(1)比较 S_o 和 S_i。在设计的模型元数据方案中,模型元数据通过引用与变量的元数据相关联,如果两个模型使用相同的变量进行数据交换,则它们在注册元数据时将具有相同的变量引用。因此,在这种条件下可以通过先比较 S_o 和 S_i 来判断两个模型的变量在语义上是否兼容。如果 S_i 中的所有变量在 S_o 中都能够找到,即 $S_i \in S_o$,则两个模型被认为在语义上是兼容的,语义的兼容性校验完成,否则转入步骤(2)。

(2)比较 S_o 和 S_i 的变量映射列表。当两个耦合的模型使用具有相同物理指向但不同名称的变量时,可以使用 OCF 来解决这种语义的问题。先将 S_o 和 S_o 中所有变量的映射变量构成一个新集合,S_i 和 S_i 中所有变量的映射变量构成另一个新集合。然后,依次从 S_i 构造的新集合中提取变量,并与 S_o 构造的新集合中的变量进行成对的比较。如果有一个变量没有发现匹配的变量,则认为两个模型不兼容,校验结束;否则认为两个模型是潜在兼容的,并转入步骤(3)。

(3)比较 S_o 和 S_i 的内容。这一步检验 S_o 和 S_i 中的变量是否具有相同的数据类型、数据维度和单位。检验的方法与步骤(2)相似,也是构造两个新集合,然后依次比对变量的内容是否一致,如果目的模型组件的输入变量没有在源模型组件的输出变量中找到变量内容符合的变量,则认为两个模型不兼容;否则判断两个模型兼容,可以进行进一步的耦合操作。

4.4.4 建模流程

在以上研究和设计的基础上,基于模型服务系统进行集成建模的流程可以用

图 4.6 来描述。首先，通过查询模型获取一个模型目录，目录中包含了所有模型库中的模型及其元数据信息。其次，用户根据模型元数据，选择多个模型并将它们耦合在一起来创建集成模型。此时，新模型仅以模型定义文档的形式存在。一旦这个文档被提交到模型服务系统中，新模型的软件组件和对应的模型元数据都将被生成，新模型被真正创建。此时，系统将生成并返回一个包含该模型的新模型目录。最后，用户可以在模型目录中选择一个集成模型进行执行。模型服务系统将根据所选的模型标识从模型库中加载对应的模型组件，并通过调用 4.3.1 小节所述的接口方法来执行模型，模型计算的结果页面被传输给用户。

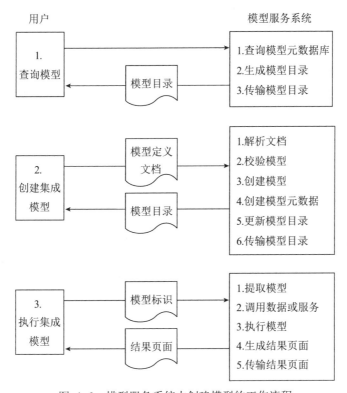

图 4.6　模型服务系统中创建模型的工作流程

4.5　应急响应集成建模实例

4.5.1　危险化学品事故介绍

1. 危险化学品及其事故定义

危险化学品事故是指由危险化学品造成的人员伤亡、财产损失或环境污染事故。判断一起事故是不是危险化学品事故，主要依据是事故是否由危险化学品所引起和危险化学品是否在事故中起重要的作用。

我国对危险化学品进行判定的主要依据是《危险化学品安全管理条例》。其中，规定了危险化学品的主要类型，包括爆炸品、压缩气体和液化气体、易燃液体、易燃固体、自燃物品和遇湿易燃物品、氧化剂和有机过氧化物、有毒品和腐蚀品等。判断某一物品是否属于危险化学品的依据是看其是否被列入《危险货物品名表》（GB 12268）等相关标准规范。此外，针对确实具有危险性但尚未列入我国相关标准规范的物品，需由权威部门进行技术鉴定。

2. 危险化学品事故的类型与分级

根据危险化学品的易燃、易爆、有毒、腐蚀等危险特性，以及危险化学品事故定义，危险化学品事故主要可以分为以下六类：

（1）危险化学品火灾事故。指燃烧物质主要是危险化学品的火灾事故。具体又分若干小类，包括：易燃液体火灾、易燃固体火灾、自燃物品火灾、遇湿易燃物品火灾、其他危险化学品火灾。易燃气体、液体火灾往往又引起爆炸事故，易造成重大的人员伤亡。由于大多数危险化学品在燃烧时会放出有毒有害气体或烟雾，因此危险化学品火灾事故中，往往会伴随发生人员中毒和窒息事故。

（2）危险化学品爆炸事故。指危险化学品发生化学反应的爆炸事故或液化气体和压缩气体的物理爆炸事故。具体包括：爆炸品的爆炸（又可分为烟花爆竹爆炸、民用爆炸器材爆炸、军工爆炸品爆炸等），易燃固体、自燃物品、遇湿易燃物品的火灾爆炸，易燃液体的火灾爆炸，易燃气体爆炸，危险化学品产生的粉尘、气体、挥发物爆炸，液化气体和压缩气体的物理爆炸，其他化学反应爆炸。

（3）危险化学品中毒和窒息事故。主要指人体吸入、食入或接触有毒有害化学品或者化学品反应的产物而导致的中毒和窒息事故。具体包括：吸入中毒事故（中毒途径为呼吸道），接触中毒事故（中毒途径为皮肤、眼睛等），误食中毒事故（中毒途径为消化道），其他中毒和窒息事故。

（4）危险化学品灼伤事故。主要指腐蚀性危险化学品意外地与人体接触，在短时间内即在人体接触表面发生化学反应，从而造成明显破坏的事故。腐蚀品包括酸性腐蚀品、碱性腐蚀品和其他不显酸碱性的腐蚀品。

（5）危险化学品泄漏事故。主要指气体或液体危险化学品发生了一定规模的泄漏，虽然没有发展成为火灾、爆炸或中毒和窒息事故，但造成了严重的财产损失或环境污染等后果的危险化学品事故。危险化学品泄漏事故一旦失控，往往造成重大火灾、爆炸、中毒或窒息事故。

（6）其他危险化学品事故。指不能归入上述五类危险化学品事故的其他危险化学品事故，如危险化学品罐体倾倒、车辆倾覆等，但没有发生火灾、爆炸、中毒、窒息、灼伤、泄漏等事故。

根据事故造成的人员和经济损失，本书的建模实例将危险化学品事故分为六个等级：

（1）轻伤事故。指职工负伤后休一个工作日以上、不构成重伤的事故。

（2）重伤事故。按原劳动部文件《关于重伤事故范围的意见》执行。

（3）死亡事故。指一次死亡 1～2 人的事故。

（4）重大事故。指一次死亡 3～9 人的事故，或一次重伤、死亡 10～19 人的事故，或一次急性中毒 20～49 人的事故。

（5）特大事故。指一次死亡 10～29 人的事故，或一次重伤、死亡 20～59 人的事故，或一次急性中毒 50～99 人的事故，或直接经济损失在 1 000 万元以上、2 000 万元以下的事故。

（6）特别重大事故。指一次死亡 30 人以上的事故，或一次重伤、死亡 60 人以上的事故，或一次急性中毒 100 人以上的事故，或直接经济损失在 2 000 万元以上的事故。

4.5.2　我国危险化学品事故现状

随着经济建设的发展，我国危险化学品事故的发生频率和危害都呈明显的增长趋势。据潘旭海等（2002）对 1950—1990 年间发生的重特大危险化学品泄漏事故的统计，事故数量由 1950 年的 1 起增长到 1990 年的 15 起，尤其是在 1950—1970 年的 20 年间，事故数量以较快的速度增长。1970 年之后，事故数量在较高的水平上呈较缓的增长趋势。2002—2004 年我国 12 个主要城市非爆炸品类危险化学品事故的统计中，事故数量在 3 年间分别由 71 起上升至 137 起和 227 起，分别上升了 93% 和 220%，造成的死亡人数分别上升了 204% 和 171%，造成的受伤人数分别上升了 263% 和 463%（魏国 等，2005）。在这些事故中，运输过程中发生事故的比例最高，而生产过程中的事故造成的人员伤亡最大。在刘小春等（2004）对发生在 1958—2001 年间的危险化学品重特大事故分布研究中，也出现了相似的分布。由于生产过程中的事故危害性大，因此，在 1958—2001 年间，发生在生产过程中的事故在重特大事故中占到了 56.4%，造成的死亡人数也占到了 60.4%。

造成危险化学品事故数量增长的主要原因有：

（1）与危险化学品相关的经济活动增多。随着我国经济的快速发展，化学品在生产和生活中得到了广泛的使用，各种化学品生产、运输和销售的活动明显增多，化学品事故的发生概率相应地变大。

（2）危险化学品利用中的不规范行为严重。危险化学品的生命周期包括生产、存储、运输、经营、使用和废弃处置。在这些活动中，很多生产企业、个人和管理者未严格按照化学品利用的相关规定进行操作，从而带来了巨大的事故隐患。葛长荣等(2006)在对发生在广州市的"5·10"大观路危险化学品事故的分析中,就发现在生产企业选址、化学品仓库的管理,以及经营者和管理者的安全意识等方面都存在很大的问题。

4.5.3 危险化学品事故应急响应模型

1. 危险化学品事故场景

危险化学品事故作为一类多发的突发事件,能够用来检验提出的应急响应模型。同时,危险化学品事故造成危害的速度极快,处置不当将会造成大量的人员伤亡,因此,对应急响应过程中信息保障的要求也非常高。在此,设定以下危险化学品事故场景:

(1)事故类型:危险化学品运输事故。

(2)危险化学品物品名称:二氧化氮(NO_2)。

(3)储存状态:液化。

(4)储存介质:钢储存罐。

(5)泄漏类型:汽化后扩散。

(6)扩散类型:地面点源扩散。

(7)主要危害:主要损害人的呼吸道。吸入少量气体有轻微的眼及上呼吸道刺激症状;吸入过量会出现胸闷、呼吸窘迫、肺水肿等症状,严重时可致死。对水体、土壤和大气可造成污染。

2. 城市危险化学品事故应急响应模型

为了建立突发事件应急响应模型,收集了《国家突发环境事件应急预案》和《国家安全生产事故灾难应急预案》,以及北京、广州、杭州、兰州、成都、合肥、大连、厦门、绍兴、汉中、运城、巴中、平顶山、奎屯等城市的危险化学品事故应急预案,并参考了《中华人民共和国安全生产法》和《危险化学品安全管理条例》。通过对以上应急预案和法律法规的详细分析,确定了应对城市危险化学品事故需要执行的应急响应任务、每个任务的负责部门和辅助部门、每个任务需要依赖的空间数据集和空间数据集依赖的辅助决策模型,并建立了城市危险化学品事故应急响应模型。表4.1给出了该模型的表格形式的定义。

表4.1 城市危险化学品事故应急响应模型

部门		任务	空间数据集	辅助决策模型
负责	辅助			
D1	D14	T1	DT1、DT3、DT5	
D1	D3、D4、D14	T2	DT1、DT2、DT5	

| 部门 | | 任务 | 空间数据集 | 辅助决策模型 |
负责	辅助			
D1	D3、D4、D5、D22、D24	T3	DT1、DT2、DT3、DT5、DT6、DT7	M1、M2
D27	D3、D5	T4	DT1、DT2、DT3、DT5、DT8	M3
D3	D38	T5	DT1、DT2、DT5、DT7	M2
D16	D36、D37	T6	DT1、DT2、DT5、DT7	M2
D5		T7	DT1、DT2、DT5、DT8、DT9	M3、M4
D14	D11	T8	DT1、DT5、DT6	M1
D14		T9	DT1、DT5、DT6、DT7	M2
D22	D23、D24	T10	DT1、DT3、DT5、DT7、DT8	M2
D2		T11	DT1、DT5、DT7	M2
D26	D5、D20、D22、D27	T12	DT1、DT2、DT3、DT4、DT5、DT9	M4
D20	D19、D26、D28	T13	DT1、DT5、DT7	M2
D27	D40、D41	T14	DT1、DT5、DT7	M2
D28	D27、D29	T15	DT1、DT5、DT7	M2
D14		T16	DT5、DT7	
D14	D12、D13、D15、D27	T17	DT1、DT2、DT4、DT5、DT7	M2
D1	D14、D30	T18	DT5	
D32	D1、D14	T19	DT1、DT2、DT3、DT4、DT5	
D1	D3、D4、D14	T20	DT5	

4.5.4 城市危险化学品事故辅助决策模型

1. 事件预测模型

化学品事件预测模型的作用是对泄漏的危险化学品的传播进行建模,确定化学品的危险区域,并对危险区域内化学品对人造成的危害程度进行评估。事件预测模型确定出的危险区域构成了应急计划区。

化学品事件预测模型由两个模型集成生成:高斯烟羽模型和毒气负载模型。图 4.7 演示了使用模型服务系统来创建事件预测模型的过程。高斯烟羽模型和毒气负载模型是模型库中已有的基本模型,通过系统提供的耦合工具将它们集成在一起,并生成了新的化学品事件预测复合模型。由于毒气负载模型需要使用高斯烟羽模型生成的化学品浓度数据,因此,两个模型的耦合方式是单向耦合。通过模型的实例化,化学品事件预测模型被创建并在模型元数据库中进行注册,成为了模型库中的一个基本模型。

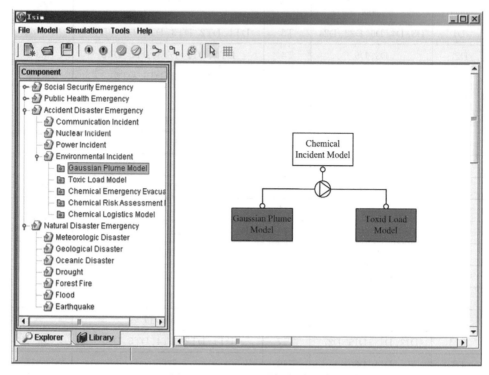

图 4.7　化学品事件预测建模

1)高斯烟羽模型

高斯烟羽模型是应用很广的一类气体扩散模型,适用于对下垫面均匀平坦且气流稳定的小尺度气体扩散的数值进行模拟。模型的应用要求具备两个条件(程麟生 等,1991):

(1)大气运动是稳定的,有主导风向。

(2)有害气体在大气中只有物理运动,没有化学和生物变化。

在均匀、定常的湍流大气中,高斯烟羽模型计算出的污染物浓度在水平方向和垂直方向上都满足正态分布。模型坐标系的定义为:化学品泄漏地点为坐标原点,水平主导风向为 x 轴,风向方向为正,垂直于主导风向的水平方向为 y 轴,正向可任意选择,垂直于地面方向为 z 轴,垂直地面向上的方向为正。

高斯烟羽模型的数学表达式为

$$C\left(x, y, z, H_{\mathrm{e}}\right)=$$
$$\frac{\varrho}{2\pi\mu_{H_{\mathrm{e}}}\sigma_y\sigma_z}\times\exp\left(-\frac{y^2}{2\sigma_y^2}\right)\times\left(\exp\left(-\frac{(z-H_{\mathrm{e}})^2}{2\sigma_z^2}\right)+\exp\left(-\frac{(z+H_{\mathrm{e}})^2}{2\sigma_z^2}\right)\right) \quad (4.1)$$

式中,C 为泄漏点下风方向 (x, y, z) 点处的有害气体浓度,单位为 mg/m³;ϱ 为有害气体的泄漏速度(源强),单位为 mg/s;μ_{He} 为平均风速,单位为 m/s;σ_y 和 σ_z 分别为水平和垂直方向上的扩散系数;H_e 为有害气体的有效排放高度,单位为 m,由公式 $H_e = H + \Delta H$ 进行计算,其中 H 为有害气体泄漏口距离地面的高度,单位为 m,ΔH 为有害气体泄漏后抬升的高度,单位为 m。

扩散系数反映了有害气体在空气中扩散的能力和强度,其值与大气的稳定状况和与泄漏源的距离有关。我国国家标准《制定地方大气污染物排放标准的技术方法》(GB/T 3840—1991)推荐使用如下方法计算扩散系数

$$\sigma_y = \gamma_1 X^{\alpha_1} \tag{4.2}$$
$$\sigma_z = \gamma_2 X^{\alpha_2} \tag{4.3}$$

式中,系数 γ_1、γ_2、α_1、α_2 是大气稳定度和地面粗糙度的函数,可通过查阅 GB/T 3840—1991 中公布的针对工业区和城市的扩散系数(表 4.2、表 4.3)来确定。

表 4.2　横向扩散系数

大气稳定度等级	α_1	γ_1	下风距离 /m
A	0.901 074	0.425 809	0～1 000
	0.850 934	0.602 052	>1 000
B	0.914 370	0.281 846	0～1 000
	0.865 014	0.396 353	>1 000
B～C	0.919 325	0.229 500	0～1 000
	0.875 086	0.314 238	>1 000
C	0.924 279	0.177 154	1～1 000
	0.885 157	0.232 123	>1 000
C～D	0.926 849	0.143 940	1～1 000
	0.886 940	0.189 396	>1 000
D	0.929 418	0.110 726	1～1 000
	0.888 723	0.146 669	>1 000
D～E	0.925 118	0.098 563 1	1～1 000
	0.892 794	0.124 308	>1 000
E	0.920 818	0.086 400 1	1～1 000
	0.896 864	0.101 947	>1 000
F	0.929 418	0.055 363 4	0～1 000
	0.888 723	0.073 334 8	>1 000

表4.3　垂直扩散系数

大气稳定度等级	α_1	γ_1	下风距离 /m
A	1.121 54	0.079 990 4	0~300
	1.513 60	0.008 547 71	300~500
	2.108 81	0.000 211 545	＞500
B	0.961 435	0.127 190	0~500
	1.093 56	0.057 025	＞500
B~C	0.941 015	0.114 682	0~500
	1.007 70	0.075 718 2	＞500
C	0.917 595	0.106 803	＞0
C~D	0.838 628	0.126 152	0~2 000
	0.756 410	0.235 667	2 000~10 000
	0.815 575	0.136 659	＞10 000
D	0.826 212	0.104 634	1~1 000
	0.632 023	0.400 167	1 000~10 000
	0.555 36	0.810 763	＞10 000
D~E	0.776 864	0.111 771	0~2 000
	0.572 347	0.528 992 2	2 000~10 000
	0.499 149	1.038 10	＞10 000
E	0.788 370	0.092 752 9	0~1 000
	0.565 188	0.433 384	1 000~10 000
	0.414 743	1.732 41	＞10 000
F	0.784 400	0.062 076 5	0~1 000
	0.525 969	0.370 015	1 000~10 000
	0.322 659	2.406 91	＞10 000

　　大气稳定度是表征大气稀释扩散能力和湍流强弱的基本参量。通常按一定的气象指标将大气稳定度从稳定到不稳定划分成不同的等级,大气越稳定,扩散能力越弱,越不稳定,扩散能力越强。目前,存在多种大气稳定度的分类计算方法,其中,帕斯奎尔(Pasquill)方法和特纳尔(Turner)方法应用较广泛。我国国家标准GB/T 3840—1991中推荐使用帕斯奎尔稳定度分类方法。

　　(1)根据以下数学表达式计算有害气体泄漏地点的太阳高度角

$$\theta_h = \arcsin\left(\sin\varphi\sin\delta + \cos\varphi\cos\delta\cos(15t + \lambda - 300)\right) \tag{4.4}$$

式中，φ、λ 分别为泄漏地点的地理纬度和经度，单位为度（°）；t 为泄漏发生时的北京时间，单位为小时（h）；δ 为泄漏地点的太阳倾角，单位为度（°），其值可以通过查表 4.4 确定。

表 4.4　太阳倾角 δ 概略值　　　　　单位:（°）

月内	1 月	2 月	3 月	4 月	5 月	6 月	7 月	8 月	9 月	10 月	11 月	12 月
上旬	－22	－15	－5	6	17	22	22	17	7	－5	－15	－22
中旬	－21	－12	－2	10	19	23	21	14	3	－8	－18	－23
下旬	－19	－9	2	13	23	23	19	11	－1	－12	－21	－23

（2）根据泄漏地点的太阳高度角 θ_h，通过查太阳辐射等级（表 4.5）来获得泄漏地点的太阳辐射等级（L）。表 4.5 中的总云量和低云量根据泄漏地点所在地区的气象观测资料确定。

（3）根据太阳辐射等级（L）和泄漏地点的地面平均风速，查大气稳定度等级（表 4.6），确定大气稳定度。其中，地面平均风速指离地面 10 m 高度处的平均风速，从地区气象资料获得。

表 4.5　太阳辐射等级

总云量	低云量	夜间	$\theta_h \leq 15°$	$15° < \theta_h \leq 35°$	$35° < \theta_h \leq 65°$	$\theta_h > 65°$
≤4	≤4	－2	－1	＋1	＋2	＋3
5～7	≤4	－1	0	＋1	＋2	＋3
≥8	≤4	－1	0	0	＋1	＋1
≥7	5～7	0	0	0	0	＋1
≥8	≥8	0	0	0	0	0

表 4.6　大气稳定度等级

地面平均风速 /（m/s）	$L=+3$	$L=+2$	$L=+1$	$L=0$	$L=-1$	$L=-2$
≤1.9	A	A～B	B	D	E	F
2～2.9	A～B	B	C	D	E	F
3～4.9	B	B～C	C	D	D	E
5～5.9	C	C～D	D	D	D	D
≥6	D	D	D	D	D	D

2）毒气负载模型

毒气负载模型提供了一种定量评估暴露在有害气体中将对生物体造成的伤害程度的方法。

　　毒气负载模型最早起源于毒理学著名的哈伯（Haber）准则 $C \times t = k$（常数），即对于某种有毒气体，以及固定的暴露浓度 C 与暴露时间 t 的乘积，生物体将产生固定的生理反应。哈伯准则自 20 世纪初由德国物理化学家哈伯（Fritz Haber，1868—1934 年）提出以来，在设定有毒气体暴露时限上被广泛地应用。然而，大量的动物实验表明，暴露浓度和暴露时间在对生物体造成的伤害中并非具有同等的作用。很多研究者在对不同有毒气体的研究中都对暴露浓度和暴露时间的关系进行了探讨，并提出了一些对哈伯准则的修正方法（Rozman，2000），而毒气负载模型则是对这些修正方法的一般化的表达，其数学表达式为

$$L = C^{m} \times t^{n} \tag{4.5}$$

式中，L 为某种有毒气体对生物体造成的伤害的评估指数；m 和 n 分别为暴露浓度 C 和暴露时间 t 的作用指数。

　　在毒气负载模型中，m 和 n 的值反映了暴露浓度和暴露时间对气体毒性的贡献大小，且不同的气体有不同的 m 和 n 值。m 值较大，说明暴露在高浓度的气体中较长时间比暴露在低浓度的气体中对生物体造成的伤害要大。n 值较大，说明暴露时间在对生物体造成的伤害中起主要作用。

　　为度量 L 与生物体伤害之间的关系，使用美国环境保护局主导开发的急性暴露指南等级（Acute Exposure Guideline Levels，AEGLs）标准。AEGLs 项目开始于 1996 年，目的是衡量急性暴露（即短时间内暴露在较高浓度的有毒气体中）对于普通人的危害，可以用于暴露期为 10 分钟至 8 小时的气体暴露评估。AEGLs 的主要成果是为大众提供不同有毒气体的暴露阈值。AEGLs 设定了三个生物测定端点（AEGL-1、AEGL-2、AEGL-3），每个端点分别提供了五个暴露期（10 分钟、30 分钟、1 小时、4 小时、8 小时）的浓度阈值。

　　（1）AEGL-1：当暴露浓度超过此浓度时，普通人（包括易感人群）会产生明显的不适、过敏，或者无表征症状的影响；但是，这种影响不会致残，并且可以在暴露之后得到恢复。

　　（2）AEGL-2：当暴露浓度超过此浓度时，普通人（包括易感人群）会产生不可恢复的、严重的长期身体影响，或者对身体的机能造成破坏。

　　（3）AEGL-3：当暴露浓度超过此浓度时，普通人（包括易感人群）会有生命危险或者致死。

　　表 4.7 给出了 AEGLs 针对 NO_2 气体的浓度阈值。在确定时间尺度对于每个生物测定端点的作用时，AEGLs 主要采用了 Ten Berge 等（1986）的研究结果。其中，m 和 n 分别为 3.5 和 1。针对同一端点、不同浓度的 NO_2 气体负载计算公式为

$$L = C^{3.5} \times t \tag{4.6}$$

表 4.7　AEGLs 中 NO$_2$ 浓度阈值

生物测定端点	10 分钟	30 分钟	1 小时	4 小时	8 小时	不良反应[①]
AEGL-1[②]（不致残）	0.50×10^{-6}（0.94 mg/m^3）	0.50×10^{-6}（0.94 mg/m^3）	0.50×10^{-6}（0.94 mg/m^3）	0.50×10^{-6}（0.94 mg/m^3）	0.50×10^{-6}（0.94 mg/m^3）	13 例哮喘患者中 7 例出现眼睛有轻度烧灼感、轻微头痛、胸闷或呼吸困难
AEGL-2（致残）	20×10^{-6}（38 mg/m^3）	15×10^{-6}（28 mg/m^3）	12×10^{-6}（23 mg/m^3）	8.2×10^{-6}（15 mg/m^3）	6.7×10^{-6}（13 mg/m^3）	正常志愿者出现鼻子和胸部有烧灼感、咳嗽、呼吸困难、吐痰
AEGL-3（致命）	34×10^{-6}（64 mg/m^3）	25×10^{-6}（47 mg/m^3）	20×10^{-6}（38 mg/m^3）	14×10^{-6}（26 mg/m^3）	11×10^{-6}（21 mg/m^3）	有明显刺激，没有死亡

注：①有些影响可能会延迟。

②在这种浓度下，大多数人都能感受到 NO$_2$ 的甜味，但适应得很快。

在式（4.6）和 AEGLs 标准的基础上，可以对 NO$_2$ 气体泄漏对人造成的危害进行评估。其中，暴露时间按照如下公式计算

$$t = \frac{G}{\varrho} \times \frac{10^6}{60} \qquad (4.7)$$

式中，计算出的暴露时间 t 的数值的单位为 min；G 为泄漏的 NO$_2$ 气体的总量，取单位为 kg 时的数值；ϱ 为 NO$_2$ 气体的泄漏速度（源强），取单位为 mg/s 时的数值。

AEGLs 标准中的三个端点对应的毒气负载 $L_{\text{AEGL}-i}$ 根据以下公式计算

$$L_{\text{AEGL}-i} = C_{\text{AEGL}-i}^{3.5} \times t \qquad (4.8)$$

式中，$C_{\text{AEGL}-i}$（$i = 1, 2, 3$）为 AEGLs 标准中确定的浓度阈值，在此都选择 10 分钟的浓度值。

根据式（4.6）计算应急计划区中任意一点的毒气负载 L。然后，通过与端点的毒气负载 $L_{\text{AEGL}-i}$ 相比较，将应急计划区划分成四个等级危险区域：$L \leqslant L_{\text{AEGL}-1}$，$L_{\text{AEGL}-1} < L \leqslant L_{\text{AEGL}-2}$，$L_{\text{AEGL}-2} < L \leqslant L_{\text{AEGL}-3}$，$L > L_{\text{AEGL}-3}$。根据所处的毒气负载的范围，这四个危险区域分别代表了轻微反应区、中度反应区、致残区和致死区。

2. 灾害评估模型

灾害评估模型用于对危险化学品事故对人、环境等可能造成的危害进行评估。对于有毒气体扩散类型的化学品事故，应急响应过程中最重要的任务是避免有毒气体造成大量人员伤亡，因此，灾害评估模型主要对可能受泄漏事件影响的人进行评估。下面给出具体的评估方法。

突发事件具有极大的位置不确定性和时间不确定性,这给快速地估算受突发事件影响的人数带来了极大的困难。在城市中,区位特性会对城市局部区域内的人数产生巨大的影响。例如,中心商业区或高密度住宅区都具有很高的人口密度,而城区周边的很多地区人口密度相对很低。另外,区域内的人数还与时间因素有直接的关系。在白天,商业区和机关事业单位所在地区人口密度最大,而住宅区的人口密度较低;在晚上,住宅区的人口密度达到最大,而办公场所集中的地区人口密度达到最小。这种人口密度的变化体现了人们一天中在居住地、工作场所以及购物场所间的流动规律,同时也体现了不同用途的建筑在一天的不同时刻对人们的吸引程度。白天人们被吸引到作为工作场所的建筑中,而晚上则被吸引到作为居住地的建筑中。因此,基于建筑的分布和用途可以对人数的时间和空间变动进行大致的估算。下面给出应急计划区人数估算的具体方法:

(1)从城市建筑物数据库中查询出与应急计划区相交的所有建筑物,并提取相应的数据,包括建筑物的基地图、层数、用途等。

(2)根据以下公式估算每个建筑物中的人数 P_b,即

$$P_b = \frac{b_a \times b_f \times \alpha \times \gamma}{h_a} \tag{4.9}$$

式中,b_a 为建筑物的占地面积,取单位为 m^2 时的数值;b_f 为建筑物的层数;h_a 为城市居民人均住房建筑面积,取单位为 $m^2/$ 人时的数值;α 为用途修正系数;γ 为建筑物吸引率。

用途修正系数 α 是对不同用途的建筑物容纳人数的修正。根据对部分建筑物的调查,确定了 α 值的分布,即

$$\alpha = \begin{cases} 1.0 & \text{居住} \\ 2.0 & \text{商业} \\ 1.5 & \text{公用事业} \end{cases}$$

建筑物吸引率 γ 说明了在每日不同时间点 T 上,不同用途的建筑物对城市居民的吸引程度。根据分析,确定了 γ 值的分布。

对于用途为居住的建筑物

$$\gamma = \begin{cases} 0.2 & 07:00 < T \leq 18:00 \\ 0.6 & 18:00 < T \leq 22:00 \\ 1.0 & 22:00 < T \leq \text{次日} 07:00 \end{cases}$$

对于用途为商业的建筑物

$$\gamma = \begin{cases} 1.0 & 07:00 < T \leq 18:00 \\ 0.3 & 18:00 < T \leq 22:00 \\ 0.0 & 22:00 < T \leq \text{次日} 07:00 \end{cases}$$

对于用途为公用事业的建筑物

$$\gamma = \begin{cases} 1.0 & 07\colon00 < T \leqslant 18\colon00 \\ 0.3 & 18\colon00 < T \leqslant 22\colon00 \\ 0.1 & 22\colon00 < T \leqslant \text{次日 } 07\colon00 \end{cases}$$

城市居民人均住房建筑面积 h_a 通过查询统计资料获得。

（3）通过对与应急计划区相交的所有建筑物容纳人数进行求和，估算应急计划区中的总人数 P

$$P = \sum_{i=1}^{n} (P_b \times r_b) \tag{4.10}$$

式中，n 为与应急计划区相交的建筑物的数目，r_b 为建筑物落入应急计划区中的面积占建筑物总面积的比例。当应急计划区覆盖建筑物时，r_b 为 1。

使用相同的方法可以对处在不同等级危险区域内的人数进行估算。如图 4.8 所示，可以分别提取与轻微反应区、中度反应区域、致残区和致死区相交的建筑物，并按照估算应急计划区内人数的方法计算每个危险区域内的人数。由于危险区域是通过对应急计划区进行划分而形成的，因此应急计划区内的总人数等于四个危险区域内的人数之和。

图 4.8　不同等级危险区域的影响人数评估

3. 应急撤离模型

应急撤离模型为安排和实施应急撤离任务提供应急撤离方案，可以更合理地将应急计划区内的人撤离至安全区域。

　　合理的应急撤离方案的基本目标是将事件造成的危害降到最低,而不同类型事件所造成的危害的特点也不相同。在所设定的化学品事故场景中,事故的主要危害是有毒气体对人造成的身体伤害。因此,应急撤离模型需要给出一个以最小伤害为目标的应急撤离方案。

　　应急撤离方案的核心内容是撤离路线的选择,而城市中的撤离路线主要是由城市街道组成的道路网络。指引撤离者从优化的路线撤离,以避免更大的伤害。但是,这种优化的路线必须是针对应急计划区内的全体撤离者设定的,并达到整体最优的目标。这就决定了针对个体的优化方案不能在撤离路线的选择中使用,除非这些方案能够满足整体最优的目标。例如,基于最短路径的撤离方案的目标是使撤离者以最快的速度离开危险区域。这对于撤离路线的交通容量很大、撤离者数量不多的情况是合适的。但是,当撤离者的最短路径选择行为造成极大的交通拥堵时,撤离方案的目标将不能实现。

　　撤离方式包括步行、自行车、公共交通、汽车和地铁等。在危险化学品事故中,步行和汽车是主要的撤离方式,而步行撤离又占了很大的比例。

　　既然撤离的对象是处在应急计划区内的所有人,因此,先使用应急计划区对城市的道路网络数据和其他数据进行裁剪,形成应急撤离模型需要处理的数据集,即撤离路径系统(图4.9)。

图 4.9　裁剪形成的撤离路径系统

经过裁剪后形成了撤离路径系统，包括四个数据集：撤离网络、撤离节点、撤离出口和警戒点。撤离网络由所有与应急计划区的内部和边界相交的城市街道组成，构成了撤离者在撤离时的旅行通道。撤离节点是所有位于应急计划区内的城市道路网络节点。由于撤离者在撤离时总是首先到达一个距自己较近的道路网络节点，因此这些节点可以作为撤离者的起始节点。撤离出口是撤离路线与应急计划区边界的交点，是人们离开应急计划区的出口。由于撤离者的最终目标是离开应急计划区，因此，撤离出口被看作撤离者撤离的终点。此外，撤离出口的另一个功能是作为阻止撤离区外的人员进入应急计划区的控制点，尤其是防止步行者进入应急计划区。撤离出口是根据应急计划区而实时生成的数据，通常在实际的城市道路网络中并没有对应的节点。警戒点由与应急计划区边界相交的城市街道节点组成。由于这些节点是人们进入应急计划区之前途经的最后一个节点，因此，它们能够充当阻止人们进入应急计划区的控制点，尤其是作为防止车辆进入应急计划区的控制点。在这种撤离路径系统中，撤离的过程可以近似地表示为：撤离者到达各自选择的起始撤离节点并在那里汇集，然后在撤离人员的指导下选择合适的撤离路线进行撤离，并最终离开撤离出口。

为了确定最优的撤离路线，需要先对撤离节点的撤离人数进行估算。估算的方法采用灾害评估模型中估计应急计划区内的人数的方法：

（1）确定每个建筑物中的人数。这一步可以直接使用式（4.9）给出的结果。

（2）确定撤离节点的覆盖范围。对于一个撤离节点，处在其覆盖范围内的建筑物中的人将被吸引到该节点上，并将其作为起始撤离节点。在实际的应急撤离过程中，撤离节点更容易汇集处在其周围的人，因此，给出如下前提条件：撤离者更倾向于选择距离自己更近的道路网络节点作为起始撤离节点。

在该条件的基础上，可以使用泰森多边形方法来对应急计划区进行划分，从而确定撤离节点的覆盖范围（图4.10）。泰森多边形满足：①每个泰森多边形内仅含有一个离散点数据；②泰森多边形内的点到相应离散点的距离最近；③位于泰森多边形边上的点到其两边的离散点的距离相等。因此，基于撤离节点划分的泰森多边形能够反映撤离者更倾向于汇集在较近的道路网络节点上的情况。

（3）使用式（4.10）来对撤离节点泰森多边形内的建筑物容纳人数 P_i 进行求和，就得到撤离节点上汇集的总人数 P。其中，n 为与撤离节点泰森多边形相交的建筑物的数目，r_i 为建筑物落入撤离节点泰森多边形中的面积占建筑物总面积的比例。

以上估算了汇集在撤离节点上的总人数，在设定的突发事件场景中，假设撤离者全部采用步行方式进行撤离，则步行撤离者的撤离规模就等于撤离节点的总人数。下面对步行撤离者的撤离路线进行规划。

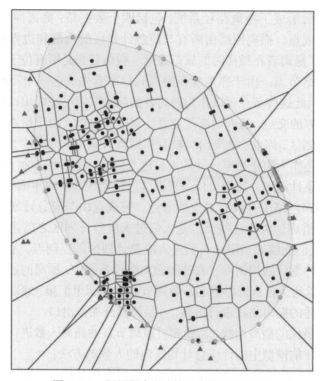

图 4.10   根据撤离节点生成的泰森多边形

对于步行撤离者来说，撤离路径系统中的人行道通常能够满足他们的需求，即，在撤离规模 P_S 下，撤离者的撤离速度不会受撤离者数量的变动影响。在此基础上，步行撤离者通常会选择一条最短的路径来离开应急计划区。但是，有时这种最短的路径会引导撤离者进入泄漏气体的高浓度区域，从而造成更大的伤害。因此，对于步行撤离者来说，最短的路径应当是对他们造成伤害最小的路径。

为了找出伤害最小的路径，先要确定一个量化有毒气体对人造成的伤害大小的指数。AEGLs 发布的浓度阈值提供了一个度量暴露浓度 C 与暴露时间 t 对人体造成伤害的参考，而且 C 与 t 的乘积也随着伤害程度的增加而增加。因此，可以使用毒气负载来度量有毒气体对人体造成的伤害。

撤离过程中，随着位置的移动，撤离者将处在不同浓度的有毒气体环境中，而这些有毒气体不断被撤离者吸入并累积在体内。由于有毒气体浓度的变化是连续的，为了计算总毒气负载，必须先将撤离路线离散化。离散化的方法为：从撤离起点开始，沿着撤离路线中的道路每隔一个采样单元设置一个浓度采集点，直到到达撤离出口为止（图 4.11）。采样单元的尺寸与高斯烟羽模型计算得到的浓度场单元的尺寸相同。

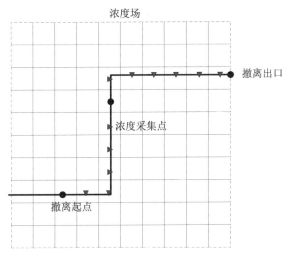

图 4.11　撤离过程中的毒气负载累积过程

然后,使用如下公式来计算一条撤离路线的总毒气负载 L_r,即

$$L_r = \sum_{i=1}^{n} \sum_{j=1}^{m} C_{ij}^{3.5} \times t_{ij} \tag{4.11}$$

式中,n 为撤离路线包含的道路路段数量;m 为撤离路线中一条道路路段包含的浓度采集点的数量;C_{ij} 为撤离路线中第 i 条道路路段的第 j 个浓度采集点的有毒气体浓度,其值等于浓度场中浓度采集点对应单元的浓度值;t_{ij} 为撤离路线中从第 i 条道路路段的第 j 个浓度采集点到达第 $j+1$ 个浓度采集点需要的时间。t_{ij} 使用以下公式计算

$$t_{ij} = \frac{D_{ij}}{S} \tag{4.12}$$

式中,S 为撤离者的平均步行速度,单位为 m/min;D_{ij} 为第 i 条道路路段中第 j 个浓度采集点与第 $j+1$ 个浓度采集点之间的距离,单位为 m。当第 $j+1$ 个采集点为插值点时,D_{ij} 等于采样单元的大小,否则等于采样点 j 和道路节点的距离。

最后,在起始撤离节点的所有可能撤离路线中,选择总毒气负载最小的路线作为撤离路线。

确定最优的撤离路线之后,还需要对撤离的效果进行评估。评估的目的是给出按照设定路线进行撤离时的人员伤亡情况,从而为进一步安排应急救援任务提供帮助。

Probit 模型和 Logit 模型是生物测定研究中使用最多的两个模型,两者都呈现出极为相似的“S”形分布。对于两者的优劣和适用性,目前仍没有确定的结论。在 20 世纪中期,Probit 模型是应用最广泛的生物测定模型。近几十年,Logit 模型由于简单、直观和易于计算等特点,受到了越来越多研究者的关注。

在此，使用 Logit 模型对撤离中可能造成的致死现象进行评估。

Logit 模型是 Logistic 模型的对数形式。Logistic 模型的数学表达式为

$$P = \frac{\exp^{Z}}{1 + \exp^{Z}} \qquad (4.13)$$

式中，P 为有毒气体导致人死亡的概率；$Z = \alpha + \beta X$，X 为有毒气体对人造成的伤害，使用毒气负载来度量，α 和 β 为线性关系的系数。

通过对式（4.13）取对数，得到 Logit 模型

$$\log\left(\frac{P}{1-P}\right) = \alpha + \beta X \qquad (4.14)$$

$\frac{P}{1-P}$ 是事件发生（有毒气体导致人死亡）与不发生的比例，即事件发生比。因此，Logit 模型建立了影响事件发生的因素（毒气负载）与事件发生比对数的线性关系。在关系式中，α 和 β 的值会根据有毒气体类型的不同而不同。在设定的化学品事故场景中，使用 Hine 等（1970）提供的数据来估计 α 和 β 的值。

计算出不同毒气负载造成的致死概率之后，就可以确定在最优的撤离路线上可能造成的死亡人数 P_D，即

$$P_D = P_S \times P \qquad (4.15)$$

式中，P_S 是该路线上的总撤离人数。

4. 资源配置模型

资源配置模型是通过对应急响应过程中的各种资源进行有效分配和配置，使应急资源得到最大化利用，以降低事件造成的危害。

在危险化学品事故应急响应过程中，事故最主要的危害是对人造成的身体损伤甚至死亡，因此，危险化学品事故资源配置模型的核心是对医疗资源在应急计划区中进行合理的分配，使医疗资源能够被充分地利用。在泄漏事故中，化学品对人的影响通常是一种急性的伤害。在短时间内，如果没有进行有效的救助，将会造成大量的人员伤亡。因此，时间是危险化学品事故资源配置模型在分配医疗资源时需要考虑的主要因素。根据资源配置模型提供的方案，医疗救援机构能够以最快的速度到达指定的救援节点并开展救助工作，从而使需要救援的人能够得到及时的医疗救助。

为了进行资源的配置，需要先构建一个资源分配网络 G（图 4.12），即

$$G = (N_d, N_s, A_{sd}) \qquad (4.16)$$

式中，N_d 为 m 个医疗资源需求节点构成的集合，N_s 为 n 个医疗资源供应节点构成的集合，A_{sd} 为 $n \times m$ 个从医疗资源供应节点到医疗资源需求节点的最短路径构成的集合。

医疗资源供应节点由所有提供医疗服务的机构构成，包括综合性医院、120 紧急救援中心，以及具备医疗救助能力的各级社区医疗机构等。医疗资源需求节

点是在应急计划区内确定的需要大量医疗救助的节点。确定的方法为：①从应急撤离评估报告中选择在应急撤离过程中会发生人员死亡的撤离路线；②将所选的撤离路线的中点位置设置为医疗资源需求节点。确定医疗资源需求节点和供应节点后，使用最短路径分析的方法，确定每个供应节点到其他所有需求节点的最短路径。

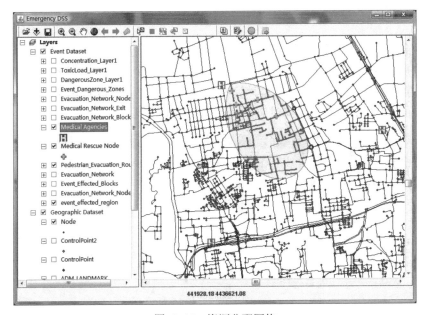

图 4.12　资源分配网络

确定资源分配网络后，以最短医疗救援时间为目标，建立医疗资源配置模型：设 R_{ij} 为从医疗资源供应节点 i 到医疗资源需求节点 j 的最短路径，T_{ij} 为医疗资源途径 R_{ij} 所需要的时间，S_i 为医疗资源供应节点 i 的资源供给量，D_j 为医疗资源需求节点 j 的资源需求量，X_{ij} 为医疗资源供应节点 i 向医疗资源需求节点 j 提供的资源量，则医疗资源配置模型表示为

$$\text{最小化：} \qquad \sum_{(i,j) \in A_{sd}} (T_{ij} \times X_{ij}) \qquad\qquad (4.17)$$

$$\text{满足：} \qquad \sum_{\{i \mid (i,j) \in A_{sd}\}} X_{ij} \leqslant S_i, \ \forall i \in N_s$$

$$\sum_{\{j \mid (i,j) \in A_{sd}\}} X_{ij} = D_j, \ \forall j \in N_d$$

式中，$\sum$ 是求和符号；$X_{ij} \geqslant 0, \forall (i,j) \in A_{sd}$；$\sum_{(i,j) \in A_{sd}} (T_{ij} \times X_{ij})$ 表示对一组资源供应节点 i 和资源需求节点 j 的组合进行累加；A_{sd} 是一个用于限定哪些 (i,j) 组合被包括在累加中的集合。

在突发事件状况下，为了保障应急救援任务有效地开展，通常要实施一些交通管制措施。在这种状况下，可以使用最短路径 R_{ij} 长度和行车速度来估计医疗资源送达到资源需求节点所需要的时间 T_{ij}。资源供给量 S_i 根据医疗救援机构可配备的救援人员和救援车辆的数量等确定。资源需求量 D_j 取在以节点 j 为起点的撤离路线上可能死亡的人数。通过对以上优化模型进行求解，可以计算出每个医疗救援机构需要向每个医疗救援节点安排的救援资源数量 X_{ij}，而且在这种资源配置下，需要医疗救援的人能够更快地得到救助。

4.5.5 决策支持系统应用

应急决策人员使用决策支持系统来创建和运行应急响应模型，并将应急响应模型中所定义的数据集分发到应急响应部门中。这个过程被分解成四个步骤来完成：事件报告、辅助决策、模型计算和数据分发。图 4.13 给出了决策支持系统的主界面，其中，每个步骤都对应系统提供的一个工具。

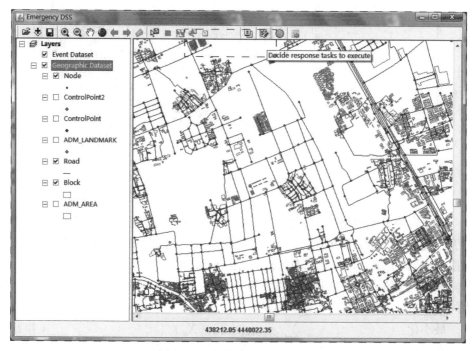

图 4.13　决策支持系统主界面

1. 事件报告

当事件发生之后，应急响应人员通过系统提供的基于网络的事件报告接口，实时地将事件的状况和应急响应任务的执行情况汇报至应急指挥中心。图 4.14 给出了在决策支持系统的支持下进行事件报告的过程。当突发事件发生之后，事件监测人员到达现场并通过决策支持系统提供的事件报告页面来实时汇报事件的状况和应急处置情况。事件报告页面根据事件报告模板而设计,具有相同的内容和结构。为了方便事件监测人员快速完成事件报告页面的填写,模板中将危险化学品事故的特性信息进行了详细的定义和归类,包括化学品的存储状况、泄漏状况以及周围的环境状况等。此外,事件监测人员需要根据事件的状况给出一个对事件可能造成的危害的初步评估。当事件监测人员完成页面填写之后,通过提交页面来完成一次事件报告过程。

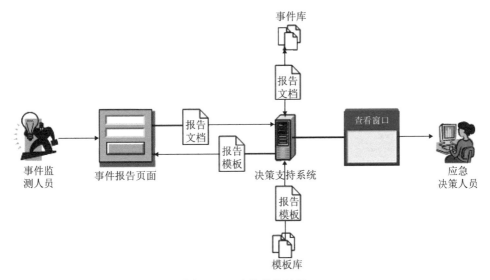

图 4.14 事件报告过程

决策支持系统将提交的事件报告页面存储在事件库中,同时根据事件报告页面生成一个报告文档,目的是提取出报告中包含的可用于辅助决策模型输入的数据,如事件发生的地理位置、时间以及事件的特性。

在事件报告之后,应急指挥中心的人员就可以通过决策支持系统提供的接口来查看事件报告。系统提供了两种接口来查看事件报告:一种是根据报告文档创建的事件报告窗口,另一种是原始的事件报告页面。图 4.15 和图 4.16给出了在事件报告窗口中浏览危险化学品事故报告的情景。其中,事件定义(Definition)汇总了事件的基本信息、发生位置、发生时间和事件报告者的信息,事件特性(Properties)列出了报告表单中的化学品存储状况和泄漏状况,事件记录(Records)按照报告时间的先后顺序给出了报告表单中有关事件状况和应急处置情况的信息。通过查看原始报告(View Original Report),系统能够为应急决策人员提供事件报告页面。

当事件发展发生重要转变或者关键应急响应行为被实施时,应急响应者都要将事件的最新状况报送至应急指挥中心。决策人员可以在事件报告窗口中通过更新事件报告(Update Report)来提取新报告中的内容。

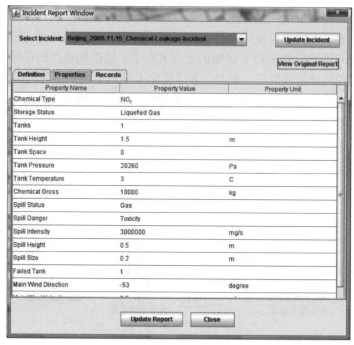

图 4.15　在事件报告窗口中查看事件特性

图 4.16　在事件报告窗口中查看应急响应情况

2. 辅助决策

应急决策人员查看了事件状况之后，需要对执行的应急响应任务进行决策，并将辅助任务执行的数据发送给相应的执行部门。图 4.17 给出了决策支持系统进行辅助决策的过程。应急决策人员在系统提供的模板基础上确定需要执行的应急响应任务、任务的负责部门和辅助部门、任务依赖的数据集以及创建这些数据集的辅助决策模型，决策支持系统根据以上信息生成应急响应模型并存储到系统的事件库中。

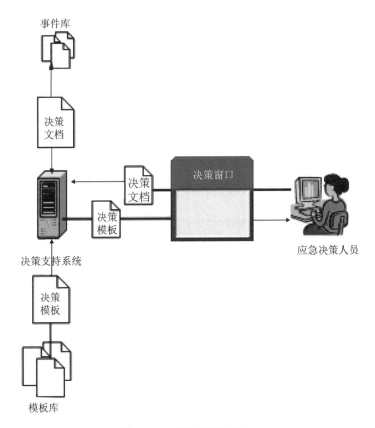

图 4.17　辅助决策过程

针对化学品事故的应急响应决策模板表达了在通常情况下处置危险化学品事故时应当执行的任务和参与的部门等。当应急决策人员进行任务决策时，决策支持系统提取该模板的内容并填充到辅助决策窗口中，而应急决策人员可以在模板的基础上创建针对具体事件的应急响应模型。图 4.18、图 4.19 和图 4.20 演示了利用决策支持系统进行辅助决策的情景。

当决策完成后，系统为此化学品泄漏事故生成一个应急响应模型。模型与应

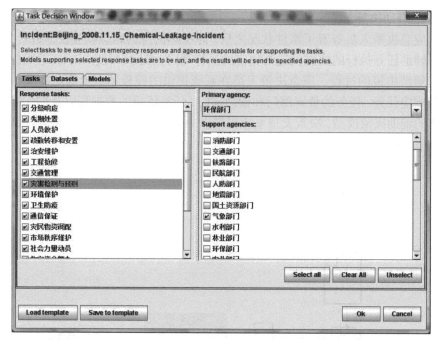

图 4.18　基于辅助决策窗口进行任务的决策

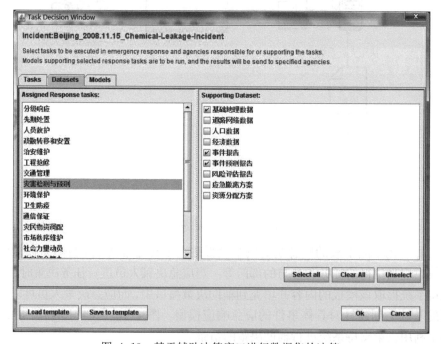

图 4.19　基于辅助决策窗口进行数据集的决策

急响应决策模板具有相同的结构,但被作为该事件的一次决策场景存储在系统的场景库中。同时,应急决策人员也可以通过将此次任务决策的内容保存到决策模板中,实现对原有应急响应决策模板的替换。

3. 模型计算

创建了应急响应模型之后,应急决策人员即可对模型进行计算,并查看模型的结果。图 4.21 给出了模型计算窗口。决策支持系统通过预定义的模型接口来初始化应急响应模型中设定的辅助决策模型,并将与模型计算相关的信息传递到辅助决策模型中,如事件发生的地理位置和时间,以及事件的特性数据等。同时,辅助决策模型的计算状态也通过接口实时地传递到决策支持系统的模型执行窗口中,以方便应急决策人员了解模型执行的进程。此外,决策支持系统实现了应用接口,并提供了对模型计算的控制功能。利用模型计算控制工具,应急决策人员可以干预模型执行的过程,如暂停、继续或者停止正在运行的模型。在这里决策支持系统充当了一个集成相关辅助决策模型的应用的角色。

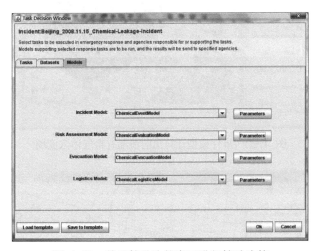

图 4.20 基于辅助决策窗口进行辅助决策

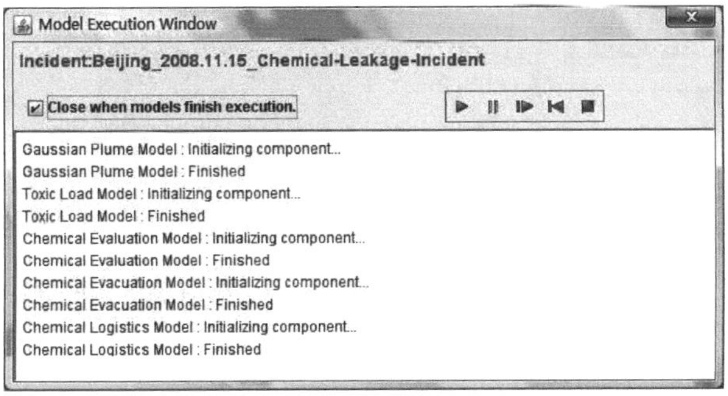

图 4.21 模型计算窗口

　　模型计算的结果被存储在决策支持系统的事件数据池中,并构成了辅助应急响应任务执行的数据报告。图4.22是由化学品事件预测模型计算出的二氧化氮气体浓度场。其中,模型计算所需要的气象资料通过调用服务注册中心中的实时气象数据服务来获取,而与泄漏相关的数据则通过事件报告输入模型。图4.23是事件预测模型计算出的危险区域。其中,从泄漏地点向周边,泄漏气体所造成的危害逐步降低。

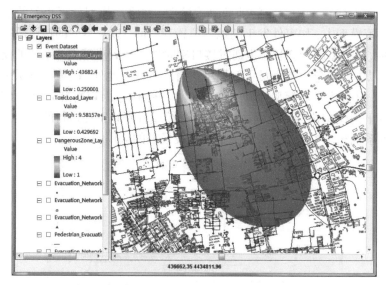

图 4.22　事件模型计算出的泄漏有毒气体浓度场

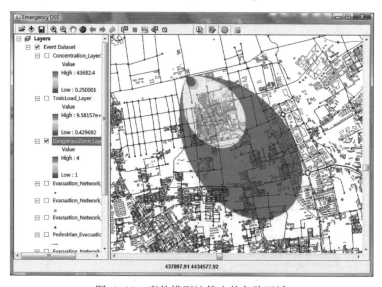

图 4.23　事件模型计算出的危险区域

图 4.24 是应急撤离模型计算出的行人撤离路线。模型为处于应急计划区内的每个节点都生成一个伤害最小的撤离路线。负责应急撤离任务的部门可以根据该路线来指引撤离的人群。

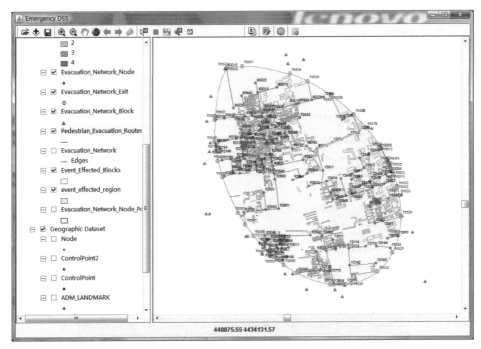

图 4.24　应急撤离模型计算出的行人撤离路线

图 4.25 给出了撤离方案中每条撤离路线的详细信息和撤离过程中可能造成的死亡情况。撤离路线按照起始撤离节点和出口撤离节点进行标识,可以通过查询标注了节点编号的撤离路线图来确定具体的位置。撤离方案还可以为医疗救援人员安排救援任务提供帮助。医疗救援机构能够根据每条撤离路线上可能造成的死亡情况来合理地安排医疗救援资源,包括急救车辆、急救人员、防毒面具、呼吸机等。

应急决策人员可以根据事件的具体情况对辅助决策模型的参数进行一些必要的修改,并重新对模型进行计算。参数的改变是在图 4.18 所示的辅助决策阶段进行的。图 4.26 给出了查看辅助决策模型的窗口,其中的内容来自模型服务系统所管理的模型元数据。图 4.27 演示了对高斯烟羽模型的参数进行修改的情景。当对风速和风向分别进行改变之后,泄漏气体的扩散方向和扩散系数会发生相应的变化,最终计算出的有毒气体浓度场也会不同。图 4.28 给出了参数变化后得到的新的有毒气体浓度场。

Route			Distance	Time	Concentration	Death Probability	Death Population
[-] **Route:72451 ~ 95477**							
	1:	Start at 72451	0.0米	0分钟			
	2:	Go North East on 上地八街	150.5米	1.7分钟			
	3:	Finish at 95477	0.0米	0分钟			
	Summary:	Total time:2 min	150.5米	1.7分钟	0.4694	0.3171	22
[-] **Route:72495 ~ 95477**							
	1:	Start at 72495	0.0米	0分钟			
	2:	Go North West on 开拓路 toward 上地八街	201.7米	2.2分钟			
	3:	Turn right on 上地八街	150.5米	1.7分钟			
	4:	Finish at 95477	0.0米	0分钟			
	Summary:	Total time:4 min	352.1米	3.9分钟	0.5968	0.3712	162
[-] **Route:72505 ~ 95477**							
	1:	Start at 72505	0.0米	0分钟			
	2:	Go North East on 上地七路 toward 开拓路	136.6米	1.5分钟			
	3:	Turn left on 开拓路	201.7米	2.2分钟			
	4:	Turn right on 上地八街	150.5米	1.7分钟			
	5:	Finish at 95477	0.0米	0分钟			
	Summary:	Total time:5 min	488.9米	5.4分钟	1.3848	0.578	135
[-] **Route:72508 ~ 95538**							
	1:	Start at 72508	0.0米	0分钟			
	2:	Go North West on 上地西路	327.6米	3.6分钟			
	3:	Finish at 95538	0.0米	0分钟			
	Summary:	Total time:4 min	327.6米	3.6分钟	0.991	0.495	0
[-] **Route:72525 ~ 95477**							
	1:	Start at 72525	0.0米	0分钟			
	2:	Go East toward 上地西路/上地七街	222.5米	2.5分钟			
	3:	Continue on 上地七街	136.8米	1.5分钟			
	4:	Turn left on 开拓路	201.7米	2.2分钟			
	5:	Turn right on 上地八街	150.5米	1.7分钟			
	6:	Finish at 95477	0.0米	0分钟			
	Summary:	Total time:8 min	711.4米	7.9分钟	3.0217	0.7493	39
[-] **Route:72526 ~ 95535**							
	1:	Start at 72526	0.0米	0分钟			
	2:	Go West on 西北旺路	148.2米	1.6分钟			
	3:	Turn right	491.0米	5.5分钟			
	4:	Finish at 95535	0.0米	0分钟			
	Summary:	Total time:7 min	639.2米	7.1分钟	1.3304	0.5682	0
[-] **Route:72543 ~ 95528**							
	1:	Start at 72543	0.0米	0分钟			
	2:	Go North East on 上地七路 toward 开拓路					

图 4.25　应急撤离模型给出的撤离路线评估报告

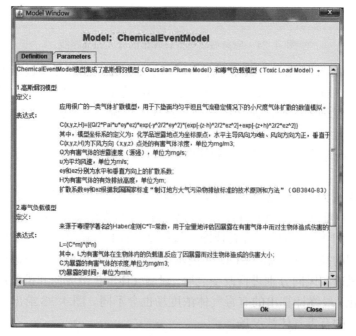

图 4.26　决策支持系统中查看辅助决策模型的定义

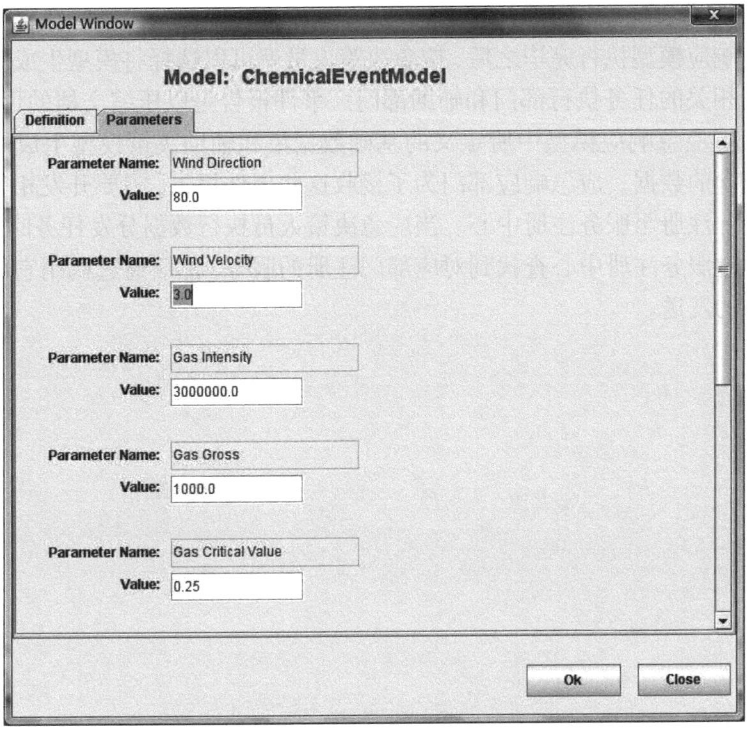

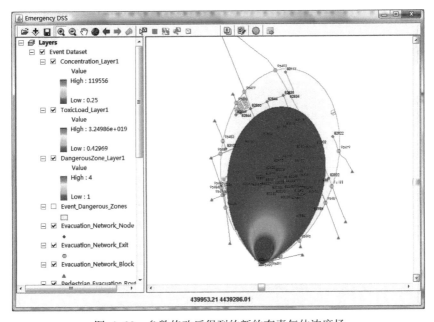

图 4.27　决策支持系统中修改高斯烟羽模型的参数

图 4.28　参数修改后得到的新的有毒气体浓度场

4. 数据分发

应急响应模型执行完毕之后，应急决策人员就可以选择将模型生成的事件报告发送到相关的任务执行部门和辅助部门。事件报告是以压缩文档的形式创建，其中包括了应急响应模型中所定义的基础数据集和辅助决策模型生成的专题数据集所包含的数据。应急响应部门为了接收这些事件报告，需要开发相应的报告接收服务并注册至服务注册中心。当应急决策人员执行数据分发任务时，决策支持系统通过服务注册中心查找到对应部门注册的服务，然后通过调用它们来完成事件报告的发送。

第5章　基于本体的应急地理信息集成服务
案例形式化表达

基于本体的应急地理信息集成服务案例形式化表达的主要思路是对应急地理信息集成服务案例建模，得到案例的概念模型，根据概念模型建立案例的本体模型，基于本体模型将案例实例化并存储。

5.1　应急地理信息集成服务案例概念模型的建立

应急地理信息集成服务案例主要以突发事件的形式存在，因此，本节采用事件框架技术对应急地理信息集成服务案例进行建模。

5.1.1　事件框架概述

事件是对于各种突发状况而言的，是对其进行描述的基本单元，包含发生主题、时间、地点和其他侧面要素的信息。

事件框架是研究能够完整描述某一类案例的侧面和相应侧面抽取模式的集合的技术。

用框架的概念来表达知识是通用的案例，梁晗等（2006）设计了一种新闻事件框架模型，并将其应用于信息抽取中。后来，梁晗又对其之前的理论进行了重新修订，提出一种多层次的信息重用原则，这种方法提高了其原有测试结果的准确性。林鸿飞等（2006）的研究利用框架模型将事件的时间、地点、主题内容等属性信息分割开来，并采取了不同的处理策略，这种方法能更好地体现事件关键特征。

Asur 等（2009）提出了一种事件框架，用于描述不同时刻社区间的各种关系，并定义了五种社区事件，从而找出各种事件间的变化关系和规律。Palla 等（2007）通过对派系过滤算法（clique percolation method, CPM）进行改进，研究相邻时刻网络中社区的变化，从而定义出各类事件。Takaffoli 等（2014）提出一个用于预测网络中发生的各类事件的模型，并对其进行集中分析与处理。Greene

等（2010）提出了一个有效识别动态网页的事件框架，并设计了自动生成动态网页的方法。

通过进一步研究发现，事件框架技术在其他领域已经有了广泛的应用，但是针对性、系统性地将事件框架技术引入应急地理信息的抽取当中的情况还没有；而且，针对事件框架技术的研究也只是停留在定性概括上，未曾思索其使用的数据结构本身的价值。

5.1.2　事件框架特点

在理论与实践研究中总结出的事件框架的特点如下：

（1）耦合性。事件框架的耦合性是指在该框架中定义的侧面及槽存在相关性。这种相关性既与事件的空间位置有关，也与事件的主题有关。

（2）内聚性。事件框架的内聚性是指每个事件本身有内部的上下文逻辑结构和关系，也就是一种框架对应一类或一个方向的事件集合。

（3）连通性。事件框架的连通性是指事件之间的类似关系。当两个事件讨论同一类问题时，这两个事件便具有连通关系。主题相同的两个事件，一定具有较强的连通性，体现在相同的"主题词"可以将其关联起来。

（4）重复性。事件框架的重复性是指事件与事件之间有共同的主题和关键词，而这些关键词会出现相同或雷同的情况。

由于事件框架的这些特点，开发文本构造耦合性高的事件框架体系是关键，为了提高信息抽取的准确性，通过基于规则的半自动化信息抽取方式，就产生了事件框架。

5.1.3　事件框架典型应用

目前，事件框架的概念与方法是学术界常用的手段，研究人员提出了诸多关于事件框架的应用。下面是对一个典型应用的描述。

1. 基本模式

在构建事件框架时，需要定义模式匹配的规则及内容，其一般形式定义为：

```
InfoID
{
field1; field2
     fieldx:subFrameID
```

```
        {
            fieldx1
            fieldx2
        }
        ......
        fieldy
    pattern:
        p1(field1, field2, …, fieldx)
        p1(field1, field2, …, fieldy)
        ......
        keywords
    }
```

其中，InfoID 是此信息框架的标识，field 是框架的槽，每一个槽也可以是一个子框架，pattern 是抽取内容的匹配规则，keywords 是突发事件的主题词和属性词的内容，目的是满足事件分类及专业术语筹集的需要。在进行相应的事件匹配后，就可以结构化地重新展示突发事件。

2. 规则集的设计

下面是矿难突发事件中的信息抽取规则：

（1）2{sp}{矿难}{造成}4{mbar|/m}{名|人}{死亡|丧失|遇难}。

（2）{在}2{sp}{矿难}{有}4{mbar|/m}{名|人}{死亡|丧失|遇难}。

（3）{截止}1{tp}{爆炸}{事故}{死亡}{人数}{上升}4{mbar}{人}。

（4）{截止}1{tp}{死亡}{上升|增}4{mbar}{人}。

（5）{证实}{死亡}{人数}4{mbar}{人}。

（6）{发现}4{mbar}{具}{遗体}。

（7）4{mbar}{人}{死于/v}{矿难}。

（8）2{sp}{矿难}{夺去}4{mbar}{人}{生命/n}。

（9）……

在规则中，每一对大括号"{ }"表示一个分词点，数字表示排序的抽取序号，"sp"是强制输出的意思，案例中"|"是逻辑或，识别的逻辑是同事件中的任意单词内容与其进行匹配。

3. 继承—归纳机制

继承—归纳机制提供了一种资源重用的方法。子框架除了具有新声明的属性以外，还将继承父框架的所有属性。在继承父框架的属性时要对抽取规则做适当改变,并通过改变关键词和加强对节点的约束来生成新的抽取规则。首先使用父框架的关键词作为初始词集 I,在训练集上挑选出现 $TF-IDF$ 权值较高的词集 X;其次求 I 与 X 的交集作为种子词集 S;最后使用技术生成子框架的关键词集。s_{new} 是新增种子词,S_{new} 是新增种子词集。

算法的操作步骤如下:

(1)构造初始种子词集 S。

(2)从语料中构造候选集 W。

(3)利用评价公式选择领域词,所有符合 $T_W \geqslant T_{min}$ 的词为 s_{new},$s_{new} \in S_{new}$。

(4)如果 $S_{new} = \varnothing$,结束学习。

(5)当满足 $S = S \cup S_{new}$,循环依次执行第二步。

评估公式为

$$T_w = \log_2 F(w, s) \times \frac{F(w, s)}{F(w)} \tag{5.1}$$

式中,w 表示词;词频数 $F(w)$ 表示在整个训练集中包含词 w 的句子数;频率数 $F(w, s)$ 表示 w 与 S 中任意元素 s 在同一句子中共现的句子数,在同一句子中不论同时包含多少个 w 和 s,都记为 1 次。

T_w 值越高,表示 w 是关键词的可能性越大。本书通过设定 T_{min} 来评价词 w 是否为关键词,如果 $T_w \geqslant T_{min}$,那么 w 为关键词。在固定语料中 $F(w)$ 是常数,随着学习轮次 LN 的增大,T_w 会呈现上升趋势,所以 T_{min} 应与 LN 相关。

5.1.4　应急地理信息集成服务案例特点分析

目前应急地理信息集成服务的主要方式还是通过专家经验进行人工操作,这种方法效率较低、依赖性强且难度较大,无法满足应急测绘保障快速服务的需要。现有大量应急测绘经验未被充分利用,通过对已有的大量应急预案进行分析发现,应急测绘保障对于突发事件的分析处置具有共性,不具有确定性,无法通过确定的规则进行描述,但其具有一定的规律性,是经验型知识,因此适合通过案例形式进行表达。将应急地理信息集成服务知识以案例形式进行表达,可用于应急测绘保障快速服务。

应急地理信息集成服务案例是为应急测绘保障服务的,主要针对突发事件处置中应急测绘保障对于地理信息的快速服务。应急测绘的最重要要求是快速,甚至在一定范围内可忽略一定的精确度,而满足快速服务的最好方法是将专家知识存储起来直接运用。因此,将应急地理信息集成服务知识以案例形式进行存储,构建案例库,即应急地理信息集成服务案例库。当发生突发事件时,在案例库中为突发事件找到历史相似案例,使用案例中针对地理信息快速服务的方法对新的突发事件进行分析,实现突发事件的快速分析和决策。

应急地理信息集成服务案例与普通应急案例有所不同,它是针对应急地理信息快速服务的,因此案例的主要内容为应急地理信息服务模型,不需要包含详细的突发事件属性。

5.1.5　应急地理信息集成服务案例概念模型

应急地理信息集成服务案例概念模型,是对应急地理信息集成服务案例知识系统进行建模,表达应急地理信息集成服务案例的主要要素及其关系。针对应急测绘保障快速服务需要,结合应急地理信息服务要求,通过分析现有应急测绘保障特点,抽取突发事件关于应急地理信息服务的影响因素,与应急地理信息服务模型共同作为案例元素。

根据对国家各种突发事件应急预案中应急测绘保障的分析,得出应急测绘保障的响应过程为:

(1)突发事件发生时,成立应急指挥中心,各部门上报已知事件信息。

(2)监控、分析事故发展状态,制定救援方案。

(3)应急指挥中心调动各职能部门进行救援。

根据对上述应急测绘保障的响应过程的描述,可以看出突发事件应急响应的核心部分为分析事故状态和制定救援方案。这一步骤需要通过应急地理信息服务分析来辅助决策。应急地理信息服务包括三个方面,即事故预测分析、灾害评估分析和应急疏散分析,将这三种功能的服务集成,完成对突发事件的分析。影响应急地理信息集成服务案例的主要因素包括事故的时空信息、事故的情景信息等。因此通过以上对现有应急测绘保障案例的分析,结合应急测绘对突发事件快速服务的要求,遵循科学、合理、清晰、灵活、便于计算机操作的原则,提出应急地理信息集成服务案例表达的六元组模型,模型包括突发事件情景信息和事件过程等通用性描述及事件分析的应急地理信息服务模型描述。概念模型为

$$K = <T, S, P, E, R, M>$$

式中,K 表示应急地理信息集成服务案例知识;T 表示事故的类型,包括突发自然灾害、事故灾害、公共卫生事件、社会安全事件;S 表示事故的危险源,如人员、物质、组织等;P 描述事故发生的时空信息,由省、市、县等的地址及发生时间进行描述;E 表示事故发生的环境,包括人文环境和自然环境;R 表示致灾原因,包括人为因素、环境因素和设备因素;M 表示突发事件分析的地理信息服务链模型知识。其间关系如图 5.1 所示。

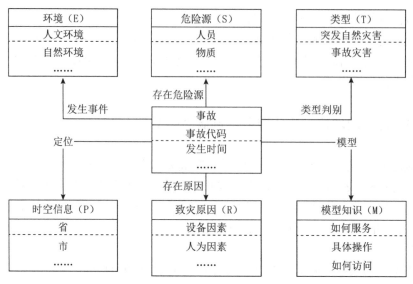

图 5.1   应急地理信息集成服务案例表达模型

服务链模型知识表达模型表示为 M= < SP, SM, SG >, 此模型表示遵循网络本体语言（OWL-S）规范, 通过一系列类、属性及相互关系描述网络服务及其逻辑关系, 包括服务说明（Service Profile）、服务模型（Service Model）、服务环境（Service Grounding）三个部分, 其中 Service Profile 描述的是服务能够提供什么, Service Model 描述的是服务如何工作, Service Grounding 描述的是如何使用服务。

Service Profile 描述服务的三部分信息。第一部分为服务的基本黄页和白页信息, 包括表明服务来源的身份信息、说明服务功能的描述信息和提供服务性能指标数据的指导性信息。serviceName 属性用于表达网络服务的名称, textDescription 属性用于对服务进行简单描述, 如服务能够提供的内容及工作环境等, contactInformation 属性给出服务提供商希望共享信息的对象。第二部分是描述服务的功能信息, 主要从输入、输出、前提条件和效果四个属性进行表达, 即服务的输入信息、服务执行后输出的结果信息、服务执行所需的前提条件以及服务执行成功的结果的影响, 分别从信息流和状态流的角度对服务功能进行描述。第三部分描述服务的特征, 包括服务的分类、服务的附加参数以及服务质量。

Service Model 描述服务工作是基于过程的, 它有一个子类过程, 过程分为原子过程、复合过程和简单过程。原子过程没有子过程, 可直接执行。复合过程是由一个以上的原子过程或其他复合过程构成的组合形式。只有复合过程中包含控制结构, 控制结构表示出复合过程内部原子过程序列的结构次序。复合过程使用控制构造符来对原子过程进行组合,控制构造符包括:定义顺序执行的过程、定义同时执行的过程、定义选择过程等。简单过程是一个抽象的概念,不能被直接调用。一个原子过程可以实现一个简单过程,简单过程可以用于了解服务的内部细节。每个过程都有参数和输入、输出、前提条件、效果等属性。

Service Grounding 描述访问服务的细节,主要包括通信协议、消息格式以及网络寻址等,它遵循一定的消息格式,将每个原子过程中输入输出的抽象描述封装成网络可传输的消息。

5.2　基于本体的应急地理信息集成服务案例模型构建

5.2.1　创建应急地理信息集成服务案例本体模型

案例本体模型是对案例概念模型的形式化表达。本体构建需要专业的软件支持,目前应用最广泛的本体构建工具是 Protégé 工具,本体通过类、属性、关系表达案例信息。下面介绍创建案例本体的方法。

1. 列举概念术语

根据应急地理信息集成服务案例概念模型,列举出所有需要的概念术语,即定义本体中的类。其中,owl:Thing 是本体的根类,根据案例中要素及要素间的关系定义本体中的类的关系,本体中的类有父子关系、等价关系、不相交关系等。本体的类的结构为树状结构,一个父类可有多个子类,子类也可继续包含子类。例如,致灾原因是 owl:Thing 的子类,而致灾原因又包含设备因素、人为因素和环境因素三个子类,这三个子类又分别继续包含子类。本小节通过对现有案例的总结分析,结合所构建的案例知识库的目的,使其概念具有最大程度的应用价值,对应急地理信息集成服务概念模型进行扩展,建立本体类结构,如图 5.2 所示,带有箭头的线段由父类指向子类。

本体中的类包括事故、事故类型、位置、危险源、环境、致灾原因、模型知识等。事故类型包括突发自然灾害、事故灾害、公共卫生事件、社会安全事件。突发自然灾害包括地震、洪水、冰冻等,事故灾害包括交通事故、危险化学品事故、火灾事故等,公共卫生事件主要是指传染病疫情、食品安全事件等,社会安全事件主要是指恐怖袭击事件、经济安全事件等。位置包括省、市、县、区等子类描述。危险源包括四个方面,即人员、物质、系统、组织。环境包括自然环境和人文环境。致灾原因包括三个方面,即人为因素、环境因素和设备因素。模型知识即以 OWL-S 标准为基础建立子类,包括 Service Profile、Service Model、Service Grounding 等。

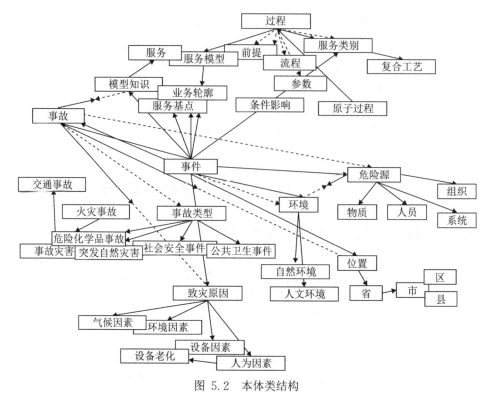

图 5.2 本体类结构

2. 建立概念间的联系

本体中概念间的联系通过属性来表达。本体有两种属性,即数据属性和对象属性。

数据属性是本体中的类或实例的特性或状态,是类中个体与属性值的关系。数据属性有定义域和值域,定义域是属性的主体,即所要定义的属性的类或实例,值域是属性值的类型,是 XML Schema 数据类型值或 RDF 文字,如事故发生的时间,其定义域为事故本身,值域为 xsd:dateTime 类型。

对象属性定义两个类之间的关系。对象属性也可以有定义域和值域,其定义域和值域分别指向两个类,表示两个类之间具有该属性的关系。例如,创建对象属性 hasReason 用于关联事故和致灾原因,其定义域是事故,值域为致灾原因,表示事故的发生原因为致灾原因。本小节创建的其他对象属性有:happenIn,定义域为事故,值域为环境,表示事故发生在环境中;hasSourceDanger,定义域为事故,值域为危险源,表示事故的危险源是危险源;isType,定义域为事故,值域为事故类型,表示事故的类型是事故类型;locateIn,定义域为事故,值域为位置,表示事故的发生位置位于位置;hasModel,定义域为事故,值域为模型知识,表示事故用到的服务链模型知识。

本小节构建的案例本体模型包含类及类间关系,如图 5.3 所示,图中方框为本体中的类,菱形表示对象属性,箭头方向表示类的父子关系,由子类指向父类,对象属性由属性的定义域指向值域。

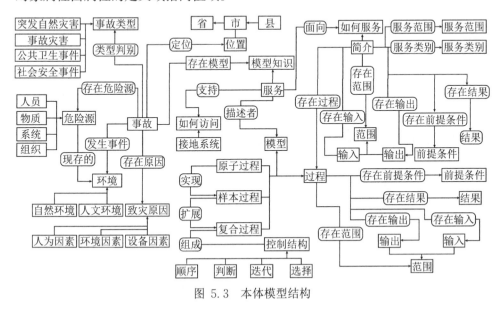

图 5.3　本体模型结构

3. 创建本体实例

本体中的实例对应于类,实例是抽象类的具体化表示,本体的实例化是本体从概念到应用的转变,实例化就是将一个具体的案例添加到案例的本体模型中,一个具体的事故就是一个事故类的实例。在进行本体实例化时,先对类添加个体并进行实例化,然后进行属性关联,添加实例化个体的对应数据属性,最后添加对象属性关联。

5.2.2　半自动化创建本体

在数据量较大的情况下,对于案例的创建和管理需要完善的体系,案例不能完全依靠人工创建,需要利用本体构建工具的扩展功能进行半自动化创建,因此使用 Jena 工具通过程序实现本体的半自动化构建。基于 Jena 工具的本体构建主要包括以下功能:创建本体模型、创建类及类的层次结构、创建属性、添加实例及其属性。创建本体模型通过 ModelFactory 中的 createOntologyModel (OntModelSpec) 方法创建。其中,createClass (String uri) 方法用于创建类,addSubClass (Resource cls) 与 addSuperClass (Resource cls) 方法分别用于创建子类和父类,createDatatypeProperty (String url) 和 createObjectProperty

（String url）方法分别用于创建数据属性和对象属性，addDomain（Resource cls）和 addRange（Resource cls）方法用于添加定义域和值域。本体中的类添加实例使用 createIndividual（String url）方法，为类实例添加属性使用 addProperty（Property p，RDFNode o）方法。当添加的属性为数据属性时，要先用 ResourceFactory. CreateTypedLiteral（Object o）方法创建数据属性，再将数据属性添加给类实例。

5.3　基于本体的应急地理信息集成服务案例库构建

5.3.1　基于本体的应急地理信息集成服务案例实例化

对现有案例按已创建好的案例本体模型进行实例化，即按照以上设计的案例本体模型，将案例的文本信息和服务模型对应构造为要素个体。实例化流程如图 5.4 所示。

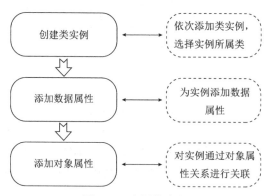

图 5.4　实例化流程

以危险化学品泄漏案例为例，说明案例实例化方法。"2017 年 7 月 11 日上午 10 时 12 分，中山市东升镇坦背牌坊连园路高架桥下面的一家化学工厂有硫酸和盐酸外泄，一锌铁皮围栏空地处正在泄漏硫酸和盐酸，泄漏的盐酸腐蚀了装着硝酸的铝罐和装满双氧水的塑料桶，并发生化学反应，产生大量黄色浓烟，气味异常刺鼻。现场放置了 10 吨硫酸、10 吨盐酸、4 吨磷酸、10 吨硝酸以及 10 吨双氧水等危险化学品。由于盐酸阀门陈旧，盐酸泄漏并腐蚀了装硝酸的铝罐和装双氧水的塑料桶，导致与双氧水产生化学反应。"该事件分析应用了高斯烟羽模型、灾害评估模型和应急疏散模型的顺序组合。

将以上案例实例化，先对本体中的类创建实例。根据以上案例信息，在事故类下创建此危险化学品泄漏事件的实例；根据位置描述在位置类对应的各子类下创建中山市、东升镇等实例；在事故类型的子类危险化学品事故下创建事故类的实例；在人文环境子类工厂下创建事故发生环境的实例；在危险源类物质子类下创建事故的危险源实例，如盐酸、硫酸、双氧水等；在致灾原因类设备因素子类下创建实例阀门陈旧；在模型知识子类下创建分析模型的实例，同时按照 OWL-S 标准，分别在 Service Profile 子类 Profile、Service Model 子类 process、Service Grounding 子类 grounding、Service Parameter、Service Category 等类下创建实例。

类实例创建完成后，针对这些实例创建其数据属性，包括此事故的事件 ID、发生时间、事故发生地的经纬度坐标等属性，通过为类实例添加 Data property assertions，定义属性值并指定其类型。

最后将实例通过对象属性关系进行关联，通过 Object property assertions 定义，根据案例本体模型结构，关联类实例，如为该事故实例添加 hasReason 属性，指向设备因素子类设备老化的实例阀门陈旧，即此次中山市近 50 吨危险化学品泄漏事故的致灾原因是阀门陈旧。同理定义其他对象关系，完成一个案例本体模型的实例化。

5.3.2　应急地理信息集成服务案例存储设计

案例本体模型实例化后需要将实例进行存储，同时保持本体结构和语义功能。目前，本体的存储方式分为基于内存的方式、基于文件的方式、基于数据库的方式和专门的管理工具方式四种。基于数据库的存储方式有利于数据管理和数据检索，然而，为保持本体结构不变及复杂的语义关系，数据的存储要针对本体结构进行本体存储模式设计。本体由类、对象属性、数据属性、实例构成。本体类之间的关系有等价关系、父子关系和不相交关系。对象属性之间的关系有等价关系、父子关系、不相交关系和逆属性关系，对象属性自身具有传递性、对称、函数和逆函数属性。类与对象属性之间存在定义域及值域的关系，类与数据属性之间存在定义域和值域类型的关系。实例个体与类、对象属性、数据属性三者关联。

基于以上所述本体结构，数据的表及表结构模式表示如下：

（1）类表 Class，classID 为记录类的唯一标识，className 用于记录当前类的类名（表 5.1）。

表 5.1　类表

属性	数据类型	说明
classID	varchar	类的标识，设置为主键
className	varchar	类的名称

（2）对象属性表 ObjectProperty，属性分为对象属性和数据属性，对象属性的值域是本体中的类（表5.2）。

表5.2　对象属性表

属性	数据类型	说明
objectPropertyID	varchar	对象属性的标识，设置为主键
objectPropertyName	varchar	对象属性的名称
domain	varchar	对象属性的定义域，设置为外键，参考类表
range	varchar	对象属性的值域，设置为外键，参考类表

（3）数据属性表 DataProperty，数据属性的值域是属性的取值范围（表5.3）。

表5.3　数据属性表

属性	数据类型	说明
dataPropertyID	varchar	数据属性的标识，设置为主键
dataPropertyName	varchar	数据属性的名称
domain	varchar	数据属性的定义域，设置为外键，参考类表
range	varchar	数据属性的值域

（4）类实例表 ClassInstance，类实例表通过 classID 字段与类表进行关联（表5.4）。

表5.4　类实例表

属性	数据类型	说明
InstanceID	varchar	类实例的标识，设置为主键
InstanceName	varchar	类实例的名称
classID	varchar	对应的类的标识，设置为外键，参考类表

（5）对象属性实例表 ObjectPropertyInstance，属性实例表包括数据属性实例表和对象属性实例表，对象属性实例表通过 propertyID 字段与对象属性表连接，通过 InstanceID 字段与类实例表连接（表5.5）。其中 InstanceAID 和 InstanceBID 分别表示对象属性连接的两个类实例。

表5.5　对象属性实例表

属性	数据类型	说明
propertyID	varchar	对象属性实例的标识，设置为外键，参考对象属性表 ObjectProperty
InstanceAID	varchar	属性实例的标识，设置为外键，参考类实例表 ClassInstance

续表

属性	数据类型	说明
InstanceBID	varchar	属性实例的标识，设置为外键，参考类实例表 ClassInstance

（6）数据属性实例表 DataPropertyInstance，属性实例表包括数据属性实例表和对象属性实例表，数据属性实例通过 propertyID 字段与数据属性表连接，通过 InstanceID 字段与类实例表连接（表 5.6）。

表 5.6　数据属性实例表

属性	数据类型	说明
propertyID	varchar	数据属性实例的标识，设置为外键，参考数据属性表 DataProperty
InstanceID	varchar	属性实例的标识，设置为外键，参考类实例表 ClassInstance
dataPropertyValue	varchar	属性实例的值

（7）类关系表 ClassRelation，类关系类型包括父子关系、等价关系和不相交关系三种（表 5.7）。

表 5.7　类关系表

属性	数据类型	说明
classRelationType	varchar	类关系的类型
classAID	varchar	对应的类标识，设置为外键，参考类表 Class
classBID	varchar	对应的类标识，设置为外键，参考类表 Class

（8）属性关系表 PropertyRelation，属性关系主要是对象属性，对象属性关系分为两种，一种是对象属性的自身属性，包括传递性、函数、逆函数和对称，另一种是对象属性之间的关系，包括等价关系、父子关系、不相交关系和逆属性关系（表 5.8）。

表 5.8　属性关系表

属性	数据类型	说明
propertyRelationType	varchar	属性关系的类型
propertyAID	varchar	属性的标识，设置为外键，参考数据属性实例表 ObjectPropertyInstance
propertyBID	varchar	属性的标识，设置为外键，参考数据属性实例表 ObjectPropertyInstance

（9）实例关系表 InstanceRelation，实例关系类型包括相同实例和不相同实例，InstanceAID 和 InstanceBID 分别表示实例关系连接的两个实例（表5.9）。

表5.9　实例关系表

属性	数据类型	说明
InstanceRelationType	varchar	实例关系的类型
InstanceAID	varchar	实例的标识，设置为外键，参考类实例表 ClassInstance
InstanceBID	varchar	属性的标识，设置为外键，参考类实例表 ClassInstance

第6章 面向众源数据的应急地理信息集成服务案例信息抽取

由于众源数据具有数据获取现势性强、获取不受地理和气象等条件限制、数据内容丰富、更新频率高等特点，可以弥补传统地理信息手段在应急测绘方面的不足，因此众源数据可以作为应急测绘的一个重要的补充数据源。本章介绍了基于事件框架技术的应急地理信息抽取方法，并获取了完整的案例信息。

6.1 众源数据

6.1.1 众源地理数据

众源地理数据（crowd sourcing geographic data，CSGD）（单杰 等，2014）是一种由大量非专业人员志愿获取并通过互联网向大众或相关机构提供的开放地理空间数据。用户利用智能手机、平板电脑、卫星定位接收机等收集某一时刻的位置信息，然后标注和上传，从而大众用户成为义务的信息提供者。代表性的众源地理数据有导航路线数据（如 OpenStreetMap 数据）、用户协作标注编辑的地图数据（如 Wikimapia 数据）、各类社交网站数据（如 Twitter、FaceBook、微博数据等）及街旁用户签到的关注点数据等。这些数据需经过处理才能形成规范的地理信息。与传统地理信息的采集和更新方式相比，来自非专业人员的众源地理数据具有现势性强、传播快、信息丰富、成本低、数据量大、质量各异、冗余而不完整、覆盖不均匀、缺少统一规范、隐私和安全难以控制等特点，成为近年来国际地理信息科学领域的研究热点。众源地理数据可以用于应急制图、交通分析、早期预警、地图更新、犯罪分析、疾病传播分析等地理空间信息服务领域。

众源地理数据中蕴含着丰富的人文社会信息和知识，需要利用空间数据分析与挖掘技术提取信息、挖掘知识。在地理空间、属性和拓扑数据的获取和应用方面，从原来单纯依靠专业测绘的方式延伸到使用大众主动或被动提供的相关数据以及免费的公共数据等多种方式，实现了地理数据的快速更新和广泛应用。

1. 众源地理数据的特点

众源地理数据具有以下特点：

（1）现势性强。众源地理数据具有明显的实时更新特点。例如，堵在路上的行车者往往会将道路拥堵信息发布于 Twitter、微博、Wikiloc 等平台。

（2）传播快。众源地理数据大多来自于互联网，借助社交网站和当地新闻媒体等的传播能力，可进行快速传播和扩散。例如，美国加利福尼亚州在 2009 年 5 月一次火灾期间，通过建立地图式火灾监视网站，迅速整合、发布了来自各种自发地理信息（volunteered geographic information，VGI）和当地政府的实时火灾信息。

（3）信息丰富。众源地理数据与人类活动及社会发展紧密相关，具有丰富的社会化属性、语义信息和时序信息。其大众参与创建的广泛性又使众源地理数据能从更多角度、更多方面对地理要素进行描述。

（4）成本低。众源地理数据大多来自网民自发或无意采集的地理数据，其采集和处理的成本很低，极大地降低了地理信息获取和使用的成本，将更有效地促进地理信息技术的推广应用。

（5）数据量大。众源地理数据大多来自互联网用户有意或无意提交的地理数据，互联网用户群的迅速发展带来了众源地理数据的激增。无论是像 OSM 这样的共享网站，还是具体的众源地理数据使用者，均需要面对海量众源地理数据的高效存储以及网络共享中的快速传输等问题。

（6）质量各异。众源地理数据主要由大众提供，其提供过程非常自由，参与人群非常广泛，所采用的数据采集设备精度各异，创建编辑过程中所用比例尺、采样精度各异，使众源地理数据质量存在较大差异，甚至混杂着错误或恶意扭曲的成分。

（7）冗余而不完整。众源地理数据主要由非专业人员创建，缺乏数据完整性，难以满足一些专业的地理数据要求，同时经过多人多次提交或多次编辑，因此众源地理数据存在大量冗余。

（8）覆盖不均匀。众源地理数据虽然来源广泛，但是区域覆盖极不均匀。例如，OSM 数据在英国伦敦城区的数据覆盖率明显高于中国湖北省的覆盖率。

（9）缺少统一规范。众源地理数据来源广泛，数据格式各异，不同数据的内容不同，数据组织和存储方式也千差万别。

（10）隐私与安全难以控制。自由创建和分享的众源地理数据有时会对他人及一些组织的隐私和安全问题产生影响。

2. 不同来源的众源地理数据

按照众源地理数据的来源，主要分为以下几类：

（1）公共版权数据。这一类数据多由政府部门、企业、公益组织以网站或网络服务的形式发布,如 Google Map 网站提供的正射影像、OSM 网站提供的交通路网等,也有一些部门和企业赠送的地理数据。

(2)导航接收机数据。来源主要包括三类:①应某些组织和项目请求而特意收集导航数据的志愿者;②共享自己拥有的有价值的导航数据的普通人或组织;③相对被动、无意识上传导航数据的网民。

(3)网民自发创建的地理数据。OSM、Wikimapia 等网站向用户提供了创建地理对象的功能,允许用户主动地在这些网站上创建、编辑、描述各种地理对象。Google Earth 甚至允许用户对感兴趣的地物进行三维建模。

(4)Web 2.0 催生的其他地理数据。Web 2.0 简化了客户交互过程,出于信息共享和社交目的,部分民众积极地将自己的信息发布到网上,这些信息可能包含地理数据。例如,Flickr 提供了上传照片并在地图上关联实际地理位置的功能。类似的数据源使众源地理数据的种类更多样化、更完整。

3. 众源地理数据的获取环节

众源地理数据的获取一般包括以下环节:

(1)下载初始化设置。包括设定下载应用程序接口(application programming interface, API)和登录信息,选定数据范围(包括空间范围和时间范围等)。根据研究目标,指定行政区划或区域边界坐标,或指定用户某时间段所发布的数据等,作为待获取数据的区域或范围。

(2)数据获取。利用开放的众源地理数据网站所提供的 API,如 Google Maps API、Google Earth API、街旁 API、Facebook API 等,在网站所提供的权限范围内,实现所选区域数据的直接读取。也可以利用网络爬虫技术设计专用的网页分析算法,从互联网上搜索并下载导航路线数据、矢量地图数据等。

(3)数据规范化分析与转换。众源地理数据具有多源异构性,其存储格式多样、时间版本不一、坐标体系各异。为了合理有效地利用众源地理数据,需要对其数据格式进行分析,利用文本解析、空间数据引擎等技术将众源地理数据转换为在统一存储格式、坐标体系及概念体系下表达的空间数据,并建立相应的众源地理数据表达规范。

(4)数据入库。将众源地理数据按统一规范转换后,导入空间数据库进行存储和管理。

6.1.2　众源数据的研究使用

目前,对于众源数据的研究主要集中在众源数据的地理信息分析挖掘与数据检索服务两方面。

在人类行为的分析研究上,社交媒体中海量的个人地理标签信息被用于研究人类行为模式，以及探讨其对于人类生活的影响；在区域地理特征应用上，通过对亚组人群在社交媒体中地理足迹的仔细分析，可以更好地理解该亚组人群的特点以及相互的关系；在公共卫生监测方面，针对特定的疾病（如流感等），分析带有地理标记的微博信息，所得到的结果可以与专业机构的检测报告相媲美，且效率更高。上述研究成果充分表明，社交媒体中地理信息的应用面广、研究潜力大。

在众源数据检索服务方面，国内外已经开展了广泛的研究。目前，国际上主要的地理信息检索研究项目有地理参考信息处理系统（Georeferenced Information Processing System, GIPSY）、网络空间感知信息检索（Spatially-Aware Information Retrieval on the Internet, SPIRIT）等，这些系统的主要研究对象是互联网中的众源地理足迹。基本思路是，通过采用网页地理足迹和查询地理相关匹配度进行检索，返回地理足迹与用户查询空间范围最匹配的网页。这是通用搜索引擎技术（如 Google、Baidu 等）的改进，具体方法主要是基于文档地理范围和查询要求的地理范围之间相对交叠面积、欧氏距离、豪斯多夫距离等方式进行检索（Leung et al., 2013）。在国内，白玉琪（2003）提出了基于元数据技术的互联网地理信息服务检索方法；林星（2011）提出了新的模糊概率的理论并将其应用到地理信息的相关应用中。

6.2 应急地理信息集成服务案例抽取的总体结构

应急地理信息集成服务案例抽取的逻辑体系结构如图 6.1 所示。该体系结构将应急地理信息抽取概括为"基于多个串联的模块组件，利用半自动或全自动的抽取规则，形成高度结构化的突发事件信息集"。

基于事件框架的突发事件地理信息抽取，包括四大核心模块：

（1）规则构建。根据事件框架定义的内容，定制符合事件框架要求的规则库。

（2）属性抽取。将抽取得到的独立文本转化为属性序列，每个属性序列都由事件主题项及相关的事件属性项构成。

（3）地名—地址抽取。通过地名词典抽取出完整的地名信息，利用地名之间的等级关系匹配出完整的地址。

（4）空间位置抽取。利用坐标库抽取突发事件的空间位置信息。

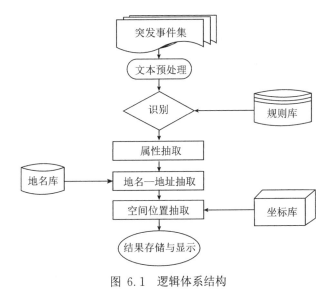

图 6.1　逻辑体系结构

6.3　构建应急地理信息集成服务案例抽取规则

抽取规则生成是整个应急地理信息抽取的关键步骤，该规则将直接决定抽取结果的准确率。而纯人工编写模式效率太低，因此采用利用本体半自动生成模式，具体步骤如图 6.2 所示。

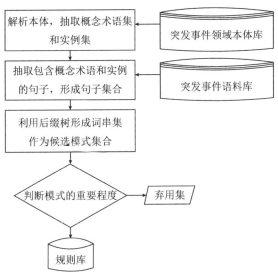

图 6.2　学习规则的自动生成

模式可以分为两类：概念实例模式和并列模式。

（1）概念实例模式。突发事件的概念是由有多次相互关联的规则词组合而成的，如"堰塞湖、流行病或其他次生灾害都可能在地震后发生"。

（2）并列模式。除了一些关键词，还可以使用特殊的关联词连接，如"SARS、禽流感和猪流感"。

这两类模式的共同特点是在模式中直接包含概念术语和实例。因此，下面提出了基于本体学习规则的思路，具体流程如下：

（1）对突发事件领域本体进行解析，抽取概念术语集和实例集。

（2）在整个文本集中抽取包含概念术语和实例的句子，形成相关句子集合。

（3）抽取相关命名实体的关键词，并储存在相应的词库中，然后参考数据结构中后缀树的遍历方式，分析抽取结果主题词的连接方式，进一步构建候选模式集合。

（4）选择包含概念术语或实例的子串，计算其在相关语句中的重要程度，以重要度指标进行衡量，并按照重要度的分值进行排序，取排名最靠前的 N 个模式作为最后的规则库。

6.4　应急地理信息集成服务案例属性抽取

6.3 节对规则库进行了构建，下面则是利用已经构建好的规则来实现突发事件的整体属性抽取。具体实例如图 6.3 所示，针对网络中的原始数据，通过编制爬虫工具将数据下载到本地，去除网页中的图片、重复网页及其他非文本格式内容，保留只包含文本的网页内容，使用专门解析 HTML 网页的 HTML Parser 解析工具，将原始网页转换为有一定结构的文档对象模型（document object model，DOM）树的对象内容，最后通过规则库与事件框架将需要的突发事件的属性模式匹配出来。

6.5　应急地理信息集成服务案例中地名—地址的抽取

基于层次模型的地名—地址识别是应急地理信息抽取的关键技术之一，它按照我国地名—地址规范，参考国家、省、市、县、区逐级递减的命名要求来构建层次模型，根据应急地理信息抽取结果，对那些包含地名片段的应急地理信息进行完整的地名—地址匹配。基于层次模型的地名—地址识别技术流程如图 6.4 所示。

基于规则的方法需要编制针对特定语言及语法类型的地名匹配器，当换用其他语言时，则需要重新编制地名匹配器。本节在对比通用地名—地址匹配方法的基础上，通过将层次地名—地址模型与 N—最短路径算法相结合来获取完整地名—地址。

突发事件集

```
<li><a href="http://www.cneb.gov.cn/2017/05/15/ARTI1494817213338940.shtml"
target="_blank">湖南临澧县黑火药厂爆炸事故致5死1伤 启动问责程序</a></li>
<li><a href="http://www.cneb.gov.cn/2017/05/14/ARTI1494742923307678.shtml"
target="_blank">新疆和田地区于田县发生3.8级地震</a></li>
<li><a href="http://www.cneb.gov.cn/2017/05/15/ARTI1494804469443405.shtml"
target="_blank">济南南郊热电厂突发火灾 未有人员伤亡</a></li>
...
```

```
<p class="title">湖南临澧县黑火药厂爆炸事故致5死1伤 启动问责程序</p>
<p class="subhead" style="font-family:'宋体';"><span>2017-05-16 22:00</span>
来源：<span>中国新闻网</span></p><div class="vspace" style="height: 29px;"></div><div
style="font-size:14px;" id="content"><p style="text-indent: 2em; text-align:
justify;">中新网长沙5月16日电(记者邓霞)湖南常德临澧县委宣传部最新通报称，截至16日
晚7时，该县发生的黑火药生产厂家爆炸事故已基本完成现场清理工作，两名失踪人员遗
体已找到。</p>        <p
style="text-indent: 2em; text-align:
justify;">16日下午2时左右，位于临澧县修梅镇水阁村境内的临澧县民泰黑火药有限责任
公司妙音分公司发生爆炸事故。该事故共造成5死1伤；伤者正在临澧县人民医院救治，
病情和情绪稳定。</p><p style="text-indent: 2em; text-align:
justify;">目前，事故现场隐患已经基本排除；问责程序也已启动，公司法人代表被公安
部门控制，事故原因仍在调查中。</p><p style="text-indent: 2em; text-align:
justify;">据了解，黑火药是一种早期的炸药，虽已被无烟火药及三硝基甲苯等炸药取代
，但是现在还有生产以其作为烟火、鞭炮、模型火箭以及仿古的前镗上弹枪支的发射药
使用。</p>
```

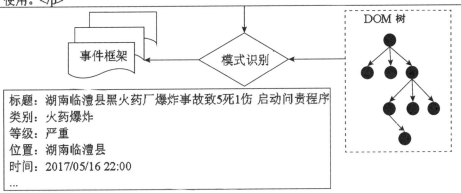

DOM 树

事件框架

模式识别

标题：湖南临澧县黑火药厂爆炸事故致5死1伤 启动问责程序
类别：火药爆炸
等级：严重
位置：湖南临澧县
时间：2017/05/16 22:00
...

图 6.3　突发事件应急地理信息抽取过程分析

6.5.1 地名识别算法

在地名识别过程中，主要的问题是识别歧义。一个句子往往出现多种识别方式，如对于"发展中国家"，既可以将国家识别为地名，也可以将中国识别为地名。因此，针对上述问题，本小节将该问题转换为寻找最优路径的问题，即将字间可以组合成词语作为一条通路，最优的识别方式则为从词首到词尾的最短距离。

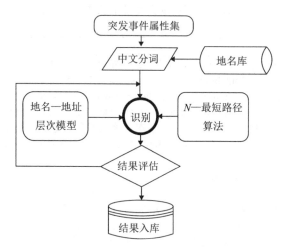

图 6.4 地名—地址识别技术流程

此处引入数据结构中的最短路径思想来完成地名抽取任务，现在将经典的最短路径算法迪杰斯特拉（Dijkstra）算法的内容表述如下：假设有两个标号（$P(v_i)$，λ_i），首标号 $P(v_i)$ 是首节点 v_1 到节点 v_i 的最短路径的距离；末标号 λ_i 是首标号 $P(v_i)$ 中 v_i 的毗邻节点的下标，这是为了让末节点寻址找到首节点，从而获取最短路径。下面是对迪杰斯特拉算法的介绍。

假设 $G=(V,E,W)$ 是 n 阶简单带权图，$w_{ij}\geqslant0$ 是节点间的权重。若节点 v_i 与节点 v_j 是非毗邻的关系，则设 $w_{ij}=\infty$。为了获取 G 中节点间的最短路径，假设：

（1）$l_i^{(r)*}$ 为首节点 v_1 到节点 v_i 的最短路径的权重和。当 $l_i^{(r)*}$ 存在时，称节点 v_i 在第 r 步获得最短标号 s，且 $r\geqslant0$。

（2）$l_j^{(r)}$ 为首节点 v_1 到节点 v_j 的可能最短路径的权重和。当 $l_j^{(r)}$ 存在时，称节点 v_j 在第 r 步获得临时标号 t。

（3）最短集为 $S_r=\{v|$ 已确定的最短标号集$\}$，临时集为 $T_r=V-S_r$。

迪杰斯特拉算法的步骤如下：

（1）初始化。令 $r=0$，首节点 v_1 存在最短标号 s，且 $l_1^{(0)*}=0$，$S_0=\{v_1\}$，

$T_0 = V - \{ v_1 \}$，$v_j (j \neq 1)$ 的临时标号 t 的权重和为 $l_j^{(0)} = w_{ij}$。

（2）求解第二个最短标号 s。设 $l_i^{(r)*} = \min\limits_{v_j \in T_{r-1}} \left\{ l_j^{(r-1)} \right\}$，$r \geqslant 1$，将 $l_i^{(r)*}$ 标在相应节点 v_i 处，表示节点 v_i 获得最短标号 s，同时更新最短集 $S_r = S_{r-1} \cup \{ v_i \}$ 与临时集 $T_r = T_{r-1} - \{ v_i \}$ 内的节点。

（3）检查临时集 T_r。若 $T_r = \varnothing$，则算法结束，否则转到步骤（4）。

（4）修改临时集 T_r 中各节点的临时标号 t。$l_j^{(r)} = \min \left\{ l_j^{(r-1)}, l_i^{(r)*} + w_{ij} \right\}$，令 $r = r + 1$，转到步骤（1）。

根据上文对迪杰斯特拉算法的理论描述，现举出具体实例来介绍该算法的执行流程。当拿到一个字串后，先构造图，接着针对图计算最短路径。如图 6.5 所示，以"湖南临澧县修梅镇水阁村黑火药厂发生爆炸事故致 5 死 1 伤"为例，并为了能够简单说明，一般图的表示用邻接矩阵记录从顶点 *from* 指向顶点 *to* 的权值为 *cost* 的边，并获取图上的边权值。遍历整个节点时，迪杰斯特拉算法从第一个节点的后面开始，先将本节点到达所有节点的可能路径存储，然后记录 i 个从本节点到其他节点中的最短值，并将其依次排序，最后将结果记录到 PreNode 队列中，其中，数组的排序算法由 CQueue 来完成。

假设通过以上的求解已经得到完整的 PreNode 队列，可求解出最短路径。下面以最简单的路径求解过程为例，具体推导如下：

（1）将第 6 个节点压栈，当此节点弹栈时，循环结束。

（2）在 PreNode 队列中的每个节点，其初始化状态是指针指向 PreNode 队列中的首元素的地名，首元素的指针遵循 CQueue 算法。

（3）按照数据结构中队列的执行顺序，将最后一个节点压栈，然后计算其 PreNode 节点，得到的是节点 3，再求解节点 3 的 PreNode 节点，得到的是节点 1，依次求解，最后得到节点 0。

（4）在首次循环结束后，得到第一条 N—最短路径，即 $0 \rightarrow 1 \rightarrow 3 \rightarrow 6$。

（5）此时将首元素的指针移动到第二个指针，并循环执行以上步骤来求解最短路径。

本例中，得到的结果是：

$$0 \rightarrow 1 \rightarrow 3 \rightarrow 6$$
$$0 \rightarrow 1 \rightarrow 2 \rightarrow 3 \rightarrow 6$$
$$0 \rightarrow 1 \rightarrow 2 \rightarrow 4 \rightarrow 5 \rightarrow 6$$

通过以上算法的求解，将前一个阶段抽取的应急属性信息，利用中文分词及迪杰斯特拉算法来抽取突发事件的地名信息，从而为下一步的完整地址抽取提供了保障。

中文分词库

1. [湖, 南, 临, 澧, 县, 修, 梅, 镇, 水, 阁, 村, 黑, 火, 药, 厂, 发, 生, 爆, 炸, 事, 故, 致, 5, 死, 1, 伤]

迪杰斯特拉算法

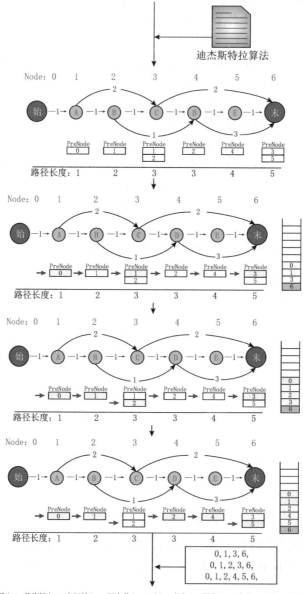

2. [湖南/ns, 临澧县/ns, 修梅镇/ns, 水阁村/ns, 黑火药/nz, 厂/n, 发生/v, 爆炸/vn, 事故/n, 致/v, 5/m, 死/v, 1/m, 伤/v]

图 6.5　地名识别分析

6.5.2　层次地名模型

在现有的地址编写规则的基础上,通过不断改进的层次地名模型,获取地名信息。原则上,层次地名模型仅对标准的抽取地名进行表达,而不对抽取到的别名地址和非标准地名进行表达。但是,在没有抽取到标准地名的情况下,该模型也可用于暂时识别别名地址或非标准地名,以便完成地名—地址实体的整体识别功能,如图 6.6 所示。标准的层次地名模型定义可以由以下巴克斯 - 诺尔范式(BNF)语法给出:

〈标准地名—地址〉::=〈区域〉〈地址〉[〈子地址〉]

〈区域〉::= [国家][省 / 直辖市 / 特别行政区 / 自治区][地级市 / 旗][区 / 县]

〈地址〉::= 街道名 | 小区名 | 地名 | 楼名 [门牌号码 | 楼号码]

〈子地址〉::= [街道名 | 小区名 | 地名 | 楼名][门牌号码 | 楼号码]

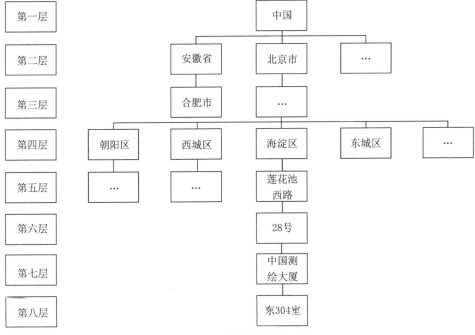

图 6.6　层次地名模型示例

该标准层次地名模型仅将地名—地址拆分成由八层要素组成的字符串,原则上不对每一层的语义进行严格定义。实际操作中,在不影响抽取和识别效率的前提下,为了方便起见,前四层往往为“区域型”地名—地址要素,对应国家行政区划(如国家、省、自治区、直辖市),第五层和第七层对应街道、小区、楼号等“字符型”地名—地址要素名称,第六层和第八层对应门牌号码、院号等“号码型”地名—地址要素。如果一条现实存在的地名—地址用八层模型仍无法表达，可以在八层基础上再增加层次，后加层与第五、六、七、八层的定义类似。通过大量的地名信息抽取分析发现，八层模型早已能够满足需求。层次地名模型的抽象性保证了其通用性和强大的地名—地址表达能力。

模型中不包括现有地名—地址中的很多地名要素，如现实生活中的乡镇、街道办事处、村落等。从地名—地址定位的角度看，这些是冗余信息，不能与地名—地址要素直接关联。目前我国农村的街道、门牌编码尚未达到普及程度，所以通过计算机表达农村的门牌地址还不成熟。由于本层次地名模型不对要素语义进行过分限制，所以完全适用于当前的农村地名—地址的命名规范。

6.6 应急地理信息空间位置抽取

6.6.1 基本过程

为了达到目标，本小节设计了基于突发事件众源数据的地理信息空间化方法，其中研究的总体思路如图 6.7 所示。

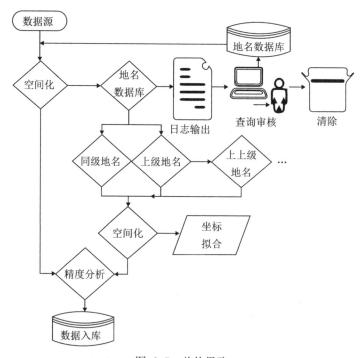

图 6.7 总体思路

技术框架中一共设计了三大模块：第一大模块是坐标拟合模块，利用 K 均值算法进行空间坐标的拟合，解决那些无法利用常用工具及方法来空间化的应急地理信息问题，弥补普通空间化方法的不足；第二大模块是空间化模块，把原有的应急地理信息转换为应急空间信息，同时，结合数据源中的应急地址信息分析其空间关系（这里的数据源指的是通过基于事件框架的信息抽取及突发事件应急处置获取完整地址后的数据）；第三大模块是精度分析模块，主要是对前两个模块进行实验结果分析。这三个模块相互关联，即前一个模块的计算结果是后一个模块的数据源，前一个模块的结果精度也同时影响着后一个模块的精度。

6.6.2　K 均值算法原理

地理信息的空间化方法比较常见的有统一坐标均值空间化方法和轨迹模拟空间化方法。统一坐标均值空间化方法是通过取已知坐标的均值来获取未知地理位置坐标，方法简单，但是该方法是对所有坐标取均值、求坐标，求取结果的误差不可估量；轨迹模拟空间化方法是通过规则图形的路径轨迹来预测未知地理位置坐标，该方法适用于具有线状轨迹关系的坐标预测，但是当遇到离散地理位置坐标时，此方法不可行。

在数据挖掘中，K 均值算法是在图像处理中广泛应用的聚类算法，其核心是计算数据的聚集程度，即通过不断地计算各样本离聚类中心点最近的均值坐标来获取最优聚类解。K 均值算法的计算案例如图 6.8 所示，图中左侧有离散应急信息点，比较容易地判断这是三个地址点群，通过 K 均值算法可以找到这三个地址点群。

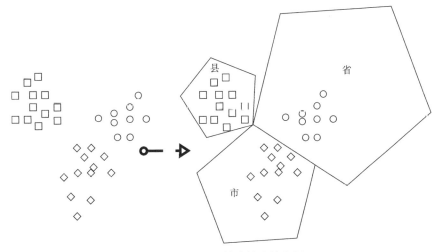

图 6.8　K 均值算法的计算案例

聚类中心的准则函数是

$$J_j = \sum_{i=1}^{N_j} (X_i - Z_j)^2, \; X_i \in G_j \tag{6.1}$$

式中，G_j 是第 j 个聚类，N_j 是第 j 个聚类中心的样本数，Z_j 是第 j 个样本的聚类中心。

算法步骤如下：

（1）任选 k 个初始聚类中心 $Z_1(l)$，$Z_2(l)$，$\cdots$，$Z_k(l)$。

（2）计算每个样本到 k 的长度，按照长度进行划分。若 $|X - Z_j(k)| < |X - Z_i(k)|$，则 $X_i \in G_j(k)$，$i = 1, 2, \cdots, k$，$i \neq j$。其中，$G_j(k)$ 为聚类中心 $Z_j(k)$ 的样本聚类，当执行 k 次迭代，分配各个样本 X 到 k 个聚类中心。

（3）由步骤（2）求解最后的聚类点

$$Z_j(k+1) = \frac{1}{N_j} \sum_{X_i \in G_j(k)} X_i \tag{6.2}$$

式中，$j = 1, 2, \cdots, k$。该聚类中心可以使准则函数的 J_j 值达到最小。

（4）如果两个聚类点一样，则

$$Z_j(k+1) = Z_j(k) \tag{6.3}$$

式中，$j = 1, 2, \cdots, k$。当满足式（6.3）的条件时，聚类均值收敛，算法结束，否则，转到步骤（2）。

该算法的执行效率和准确率由样本数、初始样本的中心点、样本本身的复杂度以及测试数据的输入规则等来决定。在应急地理信息空间化的应用中，可以结合实例只选择一个聚类中心进行聚类拟合。如果测试样本为 N 个小样本，那么 K 均值算法的求解速度会异常高效。

第7章 案例驱动的应急地理信息集成服务组合

案例驱动的应急地理信息集成服务组合主要分为三步：①在已经建立的案例库中将与用户请求事件相似的案例检索出来；②将在检索出来的相似案例中存储的服务链转换为可执行的逻辑服务链，并对服务链进行检验；③通过引擎执行服务链。

7.1 基于语义的应急地理信息集成服务案例检索

传统的案例检索方法是基于关键词的检索，虽然用户理解输入的关键词的语义，但检索系统不能识别，系统只能从词形上判断用户输入的关键词与其他字符串是否相同，导致大部分关键词丧失了其所表达的用户的原始语义，只有当案例中存储的信息与用户输入的关键词完全一致时，才能被检索出来，因此很多实际语义相似的案例无法被检索到。本体为基于语义的案例检索提供了基础，本体是人与计算机均能理解的，即人和计算机均能理解本体中每个概念所包含的具体语义信息，并通过匹配关键词与本体对应，使人和计算机对用户输入的关键词拥有相同的语义解释结果，在此基础上，检索系统才能执行准确的语义信息查询。利用本体完成基于语义的案例检索思路如图 7.1 所示。

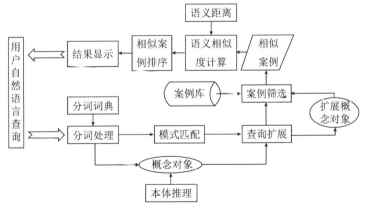

图 7.1 案例检索思路

（1）处理用户请求，用户请求输入的自然语言比较复杂，需要先经过分词处理,将用户请求切分成词语集合并标注词性。

(2)利用标注结果进行模式匹配。

(3)对词语集合中的概念对象进行本体语义推理,通过本体概念关系对匹配对象进行扩展,即查询扩展。

(4)基于模式匹配结果,以扩展后的概念对象为条件检索案例库,完成案例初步筛选。

(5)对查询结果与用户请求事件依次进行语义相似度计算。

(6)将相似度按照高低排序返回给用户,用户最终确认、选择最相近案例。

7.1.1 用户请求处理

1. 分词处理

分词处理是自然语言处理的基础。用户发出请求时,先经过分词将一段句子分解为词语的集合,然而由于中文语言的复杂性,实验中发现,通用分词词典无法满足对应急地理信息集成服务案例检索语言的处理的需求,使用通用分词词典进行分词处理时,一些专业词语无法被识别。例如"东升镇",使用中国科学院计算技术研究所 NLPIR 语义分析系统进行分词时被分解为"东升"和"镇",标注为其他专名和名词;使用 Python 第三方中文分词库 jieba 进行分词时,"东升镇"被标注为人名,而实际上"东升镇"应被识别为一个地名。针对上述存在的分词不准确的问题,目前通用的解决方案是补充分词词典,通过上文建立的本体构建分词词典,用于对用户请求进行分词和词性标注。

创建分词词典时,词性标注按照本体类进行标注,如"危险化学品泄漏"标注为 AT(事故类型),此外还有 AE(环境)、AL(位置)、SR(危险源)、CD(致灾原因)、t(时间)。

2. 模式匹配

用户请求模式多种多样,因此本小节构建了一些用于解析用户请求的模式,用于经过分词处理后进行模式匹配解析。下面列举几种模式:

(1)事故类型。例如当用户输入"危险化学品泄漏事故"时,经分词标注用户请求仅包含事故类型,其匹配模式为 Query(AT)。

(2)位置 + 事故类型。例如当用户输入"中山市东升镇坦背牌坊莲园路发生危险化学品泄漏事故"时,经分词标注用户请求包括位置和事故类型,其匹配模式为 Query(AL, AT)。

(3)致灾原因 + 事故类型。例如当用户输入"由于设备阀门陈旧发生危险化学品泄漏事故"时,经分词标注用户请求包括致灾原因和事故类型,其匹配模式为 Query(CD, AT)。

（4）时间＋位置＋环境＋致灾原因＋事故类型。例如当用户输入"2017 年 7 月 11 日上午 10 时 12 分，中山市东升镇坦背牌坊莲园路一家化学工厂由于设备阀门陈旧发生危险化学品泄漏事故"时，经分词标注用户请求包括时间、位置、环境、致灾原因和事故类型，其匹配模式为 Query（t, AL, AE, CD, AT）。

3. 查询扩展

将用户请求包含的概念对象通过本体推理进行扩展。本体的查询扩展是通过本体中包含的各种关系对待查询的概念对象进行本体推理，将本体中定义的与其有一定关系的概念对象加入待查询的对象集合中，扩大原有查询语句条件的范围，以提高查全率和查准率。扩展概念对象通过对本体中的类和实例进行推理实现。

类的推理有父子关系推理、等价关系推理、自定义关系推理。如果对用户请求进行分词标注后得到要查询的概念对象集合为 $O=(O_1, O_2, \cdots, O_i, \cdots)$，本体中存在概念 O_j，且 O_j 为 O_i 的子类，则待查询的概念对象集合扩展为 $O=(O_1, O_2, \cdots, O_i, O_j, \cdots)$，同理若存在概念 O_k，且 O_k 与 O_i 是等价类，则待查询的概念对象集合再被扩展为 $O=(O_1, O_2, \cdots, O_i, O_j, O_k, \cdots)$。

本体推理中类实例的推理，是通过判断实例与类之间的关系扩展推理结果集。若用户请求概念对象 i 为类 C，则将类 C 的所有实例加入查询对象集；若用户请求概念对象 i 为类 C 的实例，则将实例 i 所属的类 C 加入查询对象集；同时，对实例间的关系进行推理，如存在实例 j 与实例 i 等价，则将实例 j 加入查询对象集。

7.1.2 案例筛选

当案例库中案例数据量较大时，依次计算每个案例的相似度，会大大增加计算工作量，浪费不必要的时间，在计算案例的相似度前，要尽可能排除相似性较小的案例，即根据用户输入的请求限制，先对案例进行查询筛选。经过上述操作对用户请求进行处理后，得到经过本体推理的概念对象集合和查询模式，并可以进行查询操作。目前本体数据查询最常用的语言是简单协议和 RDF 查询语言（simple protocol and RDF query language, SPARQL），但是考虑大数据量管理问题，本小节将数据存储到关系数据库中，因此对于数据的检索将由检索 OWL 文档转换为检索关系数据库中的数据，并通过使用结构化查询语言（structured query language, SQL）实现。以筛选出案例库中所有事故类型为危险化学品泄漏事故的案例为例，说明其算法思路如下：

（1）检索出案例库中所有事故类型为危险化学品泄漏事故的案例。

（2）输入"危险化学品泄漏事故"。

（3）输出所有事故类型为危险化学品泄漏事故的案例集合。

（4）检索类表 Class，得到类名为"危险化学品泄漏事故"的类的 ID 值 K。

（5）K=SELECT classID FROM Class WHERE className="危险化学品泄漏事故"。

（6）检索类关系表中"危险化学品泄漏事故"的同义类和子类，得到"危险化学品泄漏事故"的同义概念和子概念 ID 值的集合 Q。

（7）Q=SELECT BID FROM ClassRelation WHERE classAID=K AND classRelationType="equivalent" OR classRelationType="sub"。

（8）检索类实例表中 Q 中所有类实例，即查询类实例表 ClassInstance 中所有 classID 等于集合 Q 中元素的实例的 ID 的集合 L。

（9）获取集合 L 中所有实例所对应的事故的 ID 集合 S。

（10）在对象属性表中检索到 isType 对应的 ID 值 N。

（11）对象属性实例表中检索所有 InstanceBID 等于 L 中元素且属性 ID 为 N 的所有 InstanceAID。

（12）返回 S。

7.1.3　语义相似度计算

案例筛选后得到与用户请求相关的案例结果集，但是案例结果集中的案例与用户请求的匹配性不同，可复用性也不尽相同，通过计算案例结果集中案例与用户请求事件之间的相似度来衡量案例与用户请求的匹配度。案例相似度即输入案例与案例库中已有案例的属性相似性。根据本体模型设计，计算案例相似度时需要计算案例所包含的事故类型、危险源、位置、时间、环境和致灾原因这几项属性；此外为保证案例的时效性，还要计算事故发生时间的相似度。由于用户请求不一定包含以上全部属性，因此在计算相似度时以模式匹配结果为准，只计算属性值非空的属性相似度。

现有案例的检索主要采用关键词匹配的方法，主要反映的是词法层面，用户请求与案例属性间的相似度影响了检索的精度，如用户输入"餐馆"，系统只会反馈属性中含有"餐馆"两个字的信息，无法将符合餐馆语义的信息返回。因此，针对上述问题，本小节采用语义相似度的方法，通过语义距离计算用户请求的关键词与案例属性在语义层面的相似性，从而提高了检索的精度。

本小节所建立的案例库的案例属性值包括字符型和时间型两种。字符型属性的相似度通过语义距离计算，时间型属性的相似度通过时间差计算，案例的整体相似度由案例所有对应非空属性的相似度共同决定。

1. 字符型属性相似度计算

通过语义距离计算字符型属性的语义相似度的基本思想是，将所有的概念节点按照某一规则排列在一张网络图中，确定两概念之间的最短路径。此路径经过的边的数量越多，两概念的语义距离越长，其语义相似度越低；反之，路径包含的边的数量越少，语义距离越短，语义相似度越高（张哲，2018）。将本体看作有向图，概念通过分类链接相互关联（Rada et al.，1989），两概念在本体有向图上的最短路径长度就是两概念的语义距离，其中，路径长度是指从一个概念节点到另一个概念节点的路径经过的边的数量。其计算公式为

$$\mathrm{dis}\,(C_1, C_2) = \sum_{i=0}^{n} \mathrm{len}\,(L_i) \tag{7.1}$$

$$\mathrm{sim}\,(C_1, C_2) = -\log\left(\frac{\mathrm{dis}\,(C_1, C_2) + 1}{2 \times Max_d}\right) \tag{7.2}$$

式中，C_1 和 C_2 分别表示待计算两案例的同一字符型属性；$\mathrm{dis}\,(C_1, C_2)$ 是 C_1 和 C_2 的语义距离；L_i 表示本体中从 C_1 到 C_2 最短路径经过的每一条边；$\mathrm{len}\,(L_i)$ 表示 L_i 长度，统一计为 1；$\mathrm{sim}\,(C_1, C_2)$ 是 C_1 和 C_2 的语义相似度；Max_d 表示此分类的最大深度。如图 7.2 所示，$\mathrm{dis}\,(C, D) = 2$，$\mathrm{dis}\,(F, G) = 6$，$Max_d = 4$。

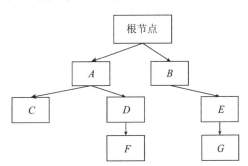

图 7.2　本体有向图示例

计算两案例的属性相似度时，用于计算的 C_1 和 C_2 是两个案例的同一属性，如两个案例的危险源相似度计算，待计算的两个案例通常是用户请求的案例与案例库中相似案例。例如，利用本小节所建本体对两案例的致灾原因相似度进行计算，本体有向图如图 7.3 所示，两案例皆为危险化学品泄漏事故，致灾原因分别为交通事故和阀门陈旧，则两案例"致灾原因"这一属性的语义相似度计算为：式（7.1）、式（7.2）中，C_1 和 C_2 分别为"交通事故"和"阀门陈旧"，两节点的语义距离 $\mathrm{dis}\,(C_1, C_2)$ 为 6，Max_d 为 5，语义相似度为 0.15。

2. 时间型属性相似度计算

时间型属性在本小节所建案例库中主要是事故发生的时间。考虑事故发生的时间是为保证案例的时效性，在案例复用时，如案例时间差过大，其可复用性

随之下降。

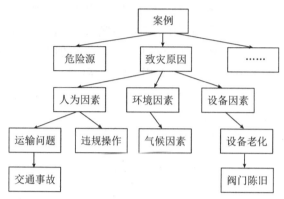

图 7.3　致灾原因本体有向图

计算时间型属性相似度时,先分别将时间型属性转换为时间戳形式,比如 2017 年 7 月 11 日 10 时 12 分 0 秒,转换为时间戳形式为 1499739120,经过时间戳转换后,时间型属性相似度即可转换为数值型属性相似度,本小节选用海明距离进行相似度计算,相似度算法公式为

$$\text{sim}(C_1, C_2) = 1 - \frac{|C_1 - C_2|}{\max(C_i) - \min(C_i)} \qquad (7.3)$$

式中,C_1 和 C_2 分别表示待计算的两个时间戳属性,$\max(C_i)$ 和 $\min(C_i)$ 分别表示案例库中所有案例这一属性的最大值和最小值。

3. 案例整体相似度计算

案例整体相似度由案例各属性相似度共同决定,由于每个案例都有可能存在空属性,且每一属性对于案例的影响程度不同,因此案例整体相似度由案例的非空属性结构一致性及加权和决定,具体计算公式为

$$\text{sim}(K_1, K_2) = \frac{\sum_{a=1}^{m} \omega_a}{\sum_{b=1}^{n} \omega_b} \cdot \sum_{i=1}^{t} \text{sim}(C_1^i, C_2^i) \omega_i \qquad (7.4)$$

式中,K_1 和 K_2 分别表示两个案例,$\text{sim}(K_1, K_2)$ 表示案例 K_1 和案例 K_2 的整体相似度,ω_a 表示待计算的两个案例非空属性的交集属性所占的权重之和,ω_b 表示待计算的两个案例非空属性的并集属性所占的权重之和,$\text{sim}(C_1^i, C_2^i)$ 表示两个案例属性 i 的相似度,ω_i 表示属性 i 所占的权重。

7.1.4　检索结果排序

经过以上案例的检索处理后,得到案例库中所有与用户请求相关的案例,

并依次求得用户请求与所有检索案例的语义相似度，系统将检索到的所有与用户请求相关的案例全部作为检索结果返回给用户，案例的排列顺序为语义相似度的计算结果，语义相似度最高的案例显示在最前面，被优先推荐给用户，用户经过人工选择确定最终的相似案例进行参考，复用其案例中的服务链对请求事件进行分析。

7.1.5　基于语义的应急地理信息集成服务案例检索方法优势

以上所述的基于语义的应急地理信息集成服务案例检索方法是通过本体推理进行查询扩展，将案例库中相似案例筛选出来，然后进行相似案例与用户请求之间的语义相似度计算。

用户请求对象集经本体推理后实现了语义扩展，有效改善了同语异质问题，在一定程度上避免了由对同一事物的表达方式不同导致的漏选问题，相对于目前广泛应用的最近邻法、归纳推理法等基于关键词的案例检索方法，此方法筛选案例时更加准确全面，能够有效提高案例检索的查准率和查全率。

先对案例库进行相似案例筛选，再计算案例相似度，这一思路能够减少案例相似度计算的工作量，提高整体案例检索效率。

本体语义距离支持案例中字符型属性的语义相似度计算，而常用的欧氏距离、灰色距离、高斯转换等方法只能计算案例中数值属性的相似度。

7.2　基于案例的应急地理信息逻辑服务链生成方法

7.2.1　服务映射

服务映射是按照一定的规则，将 OWL-S 描述的服务链模型转换为 BPMN 描述的可执行工作流。由于服务链的执行使用 BPMN 技术，为复用案例中的服务链知识，需要先进行 OWL-S 到 BPMN 的映射，将服务链模型转换为符合 BPMN 标准的可执行工作流，用于服务链的执行。

OWL-S 中服务是如何工作的由 Service Model 部分描述，服务映射主要将 OWL-S 中 Service Model 部分映射为 BPMN，这一部分描述服务是基于过程的，一个过程是一个 process，也对应 BPMN 中一个 process。OWL-S 中需要进行服务映射的元素包括 Service Model 中描述服务过程的 CompositeProcess、AtomicProcess、SimpleProcess 三种过程类型，描述各原子型服务组合逻辑的控制构造符，如 Sequence、If-Then-Else 等，以及服务中定义的参数描述元素，如 hasInput、hasOutput 等。

　　BPMN 中每个流程包含一个 process，每个 process 都包含一个开始事件 startEvent 和至少一个结束事件 endEvent，process 中所有任务都在开始事件和结束事件之间。BPMN 元素还包括顺序流、任务、网关等。顺序流起连接的作用，每个顺序流都有一个源头和一个目标引用，用于连接事件、网关、任务等。BPMN 中网关用于控制流程的流向。一个 process 中的具体任务用 task 表示，任务是由外部实体完成的，包括用户任务、服务任务等，本小节将 BPMN 用于服务组合，其任务皆为服务任务。此外，BPMN 还包括全局变量、过程变量等。

　　针对应急地理信息集成服务案例的模型运行需要，制定 OWL-S 到 BPMN 的映射规则，如表 7.1 所示。

表 7.1　OWL-S 到 BPMN 的映射规则

元素含义	OWL-S	BPMN	说明
复合型过程	`<CompositeProcess ID="">` `</CompositeProcess>`	`<process ID="">` `</process>`	将 OWL-S 中的复合型过程映射为 BPMN 中的 process
原子型过程	`<AtomicProcess ID="">` `</AtomicProcess>`	`<serviceTask ID="">` `<incoming></incoming>` `<outgoing></outgoing>` `</serviceTask>`	将 OWL-S 中的原子型过程映射为 BPMN 中的服务任务节点
顺序结构	`<Sequence ID="">` `</Sequence>`	`<sequenceFlow ID=""` `sourceRef="" targetRef=""/>`	将 OWL-S 中的顺序结构映射为 BPMN 中的 sequenceFlow
条件分支结构	`<If-Then-Else ID="">` `</If-Then-Else>`	`<exclusiveGateway ID=""/>` `<sequenceFlow ID=""` `sourceRef="" targetRef="">` `<conditionExpression` `xsi:type="tFormalExpression">` `${amount <""}` `</conditionExpression>` `</sequenceFlow>`	将 OWL-S 中的条件分支结构映射为 BPMN 中的唯一网关，并通过 conditionExpression 限制条件
全局变量	`<Input ID=""` `paramType="">` `</Input>`	`<itemDefinition ID=""` `structureRef=""/>`	将 OWL-S 中服务的输入输出参数映射为 BPMN 中的 itemDefinition
过程变量	`<hasInput>` `<Input ID="">` `</Input>` `</hasInput>`	`<ioSpecification ID="">` `<inputSet ID=""><dataInputRefs>` `</dataInputRefs></inputSet>` `</ioSpecification>`	将 OWL-S 中服务的过程变量映射为 BPMN 中的 inputSet

　　根据以上映射规则，可将 OWL-S 描述的服务链模型转换为 BPMN 描述的可执行工作流，如图 7.4 所示。

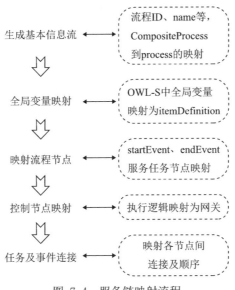

图 7.4　服务链映射流程

如果 7.4 所示，执行 OWL-S 到 BPMN 的映射流程如下：

（1）生成流程的基本信息流，如流程的 ID、name 等，完成 CompositeProcess 到 process 的映射，BPMN 中流程的 ID 继承了 OWL-S 中复合型过程的 ID。

（2）进行全局变量映射，将 OWL-S 中全局变量映射为 itemDefinition，其中 ID 依然与 OWL-S 保持一致，structureRef 与 paramType 一致。

（3）映射流程节点，BPMN 中每一个流程都包含一个开始事件和至少一个结束事件，但是 OWL-S 中没有这两个事件的描述。在映射任务节点时，先生成 startEvent 和 endEvent 节点，包括 ID 和 name，startEvent 中包含一个 outgoing，endEvent 中包含一个 incoming。outgoing 和 incoming 中都包含一个标识，上一个事件或任务的 outgoing 与下一个事件或任务的 incoming 中包含的标识一致。添加开始事件和结束事件后，进行服务任务的映射，将 OWL-S 服务链中每个原子型服务映射为一个 serviceTask，每个 serviceTask 中同样包含一个 incoming 和一个 outgoing，每个原子型服务的过程变量也映射在这里，按照上述映射规则中过程变量的映射方式进行映射。

（4）各流程节点映射完成后，进行流程中控制节点的映射，即对应 BPMN 中的网关，用于控制各服务任务的执行逻辑。

（5）映射各服务任务及事件之间的连接，用 sequenceFlow 表示各节点的执行顺序，每个 sequenceFlow 中包括一个 ID、一个 sourceRef 和一个 targetRef，其中 sourceRef 和 targetRef 分别指向源头节点的 ID 和目标节点的 ID。

经过以上过程，即将一个 OWL-S 描述的服务链模型映射为符合 BPMN 标准的流程。以下是一个服务链模型的描述片段：

```
<process:CompositeProcess rdf:ID="ProcessTask_ DangerousChemicalsLeak">
<process:composedOf>
<process:Sequence>
<process:components rdf:parseType="Collection">
<process:AtomicProcess rdf:about="# 高斯烟羽模型 ">
<process:AtomicProcess rdf:about="# 灾害评估模型 ">
<process:AtomicProcess rdf:about="# 应急撤离模型 ">
</process:components>
</process:Sequence>
</process:composedOf>
</process:CompositeProcess>
```

以上片段表示一个服务链由 "高斯烟羽模型" "灾害评估模型" "应急撤离模型" 顺序组合构成，可将其转换为 BPMN。

流程整体的基本信息映射为：

```
<bpmn:process ID=" ProcessTask_ DangerousChemicalsLeak " name="
ProcessTask_ DangerousChemicalsLeak " isExecutable="true">
```

流程中事件的开始节点、结束节点及三个服务节点映射如下：

```
<bpmn:startEvent ID="StartEvent" name="">
<bpmn:outgoing>sequenceFlow_1um07vo</bpmn:outgoing>
</bpmn:startEvent>
<bpmn:serviceTask ID="ServiceTask_0yprnmk" name=" 高斯烟羽模型 ">
<bpmn:incoming>sequenceFlow_1um07vo</bpmn:incoming>
<bpmn:outgoing>sequenceFlow_0zuee6c</bpmn:outgoing>
</bpmn:serviceTask>
……
```

流程中各节点组合逻辑为顺序组合，无分支节点，不需要进行网关的映射，将事件开始节点、结束节点和各服务节点按顺序组合逻辑连接，映射结果如下：

```
<bpmn:sequenceFlow ID="SequenceFlow_1um07vo"
sourceRef="StartEvent" targetRef="ServiceTask_0yprnmk" />
<bpmn:sequenceFlow ID="SequenceFlow_0zuee6c"
sourceRef="ServiceTask_0yprnmk" targetRef="ServiceTask_08g8tx5" />
......
```

7.2.2　服务参数匹配检验

应急集成服务案例中的服务链模型比较复杂，模型运行时又通常需要空间数据支持。服务链执行的前提是各原子型服务之间的兼容性，其兼容性包含两个方面。其中一个方面是强调模型耦合的可行性，即是否能够在不发生冲突以及不丢失精度的情况下，使一个模型的输出被另一个模型所使用。一致的数据类型和精度、相同的或可转换的数据维度是保障其兼容性的必备条件（张子民 等，2011）。另一个方面是针对模型耦合的意义，即前驱模型的输出和目标模型的输入具有相同的物理意义。以上两个方面的兼容性都通过判断服务的元数据，主要是 IOPE 参数来判定，检验目标服务的输入参数是否能够在前驱服务的输出参数中得到，前驱服务的输出结果是否能够满足目标服务的前置条件，还有前驱服务的输出变量与目标服务的输入变量是否语义一致。服务链模型参数匹配分为时间兼容性匹配、空间兼容性匹配和语义兼容性匹配。

（1）时间兼容性匹配主要用于具有多个运算步的复杂服务链中，在复杂的多步服务链计算中，通常目标服务的运行需要使用前驱服务的运行结果作为数据基础，因此为保证服务链的正常运行，需要检验前驱服务和目标服务输入、输出时间的一致性，即前驱服务输出的时间与目标服务输入的时间一致。

（2）空间兼容性匹配是指两个服务模型地理网格对象之间的兼容性，地理网格对象的兼容性包括空间范围和空间分辨率的一致性。检验两个服务模型之间的空间兼容性需要检验前驱服务的地理网格对象所对应的空间范围是否等于或者包含目标服务的地理网格对象的空间范围，前驱服务的地理网格对象的空间分辨率是否等于或大于目标服务的地理网格对象的空间分辨率。服务链运行时，如果前驱服务输出的地理范围比目标服务的地理范围小，或者前驱服务输出的空间分辨率小于目标服务的空间分辨率，则目标服务无法进行正常的运行。

（3）语义兼容性匹配用于判断前驱服务的输出参数与目标服务的输入参数的一致性，将前驱服务的输出参数集合定义为 P_1，目标服务的输入参数集合定义为 P_2，其判断方法如下：

先比较 P_1 和 P_2 中的每个元素，如果两个模型使用相同的变量，则两个模型的元数据变量引用相同。对比两个集合中的元素，如果 P_2 中所有元素都存在于

P_1 中，即 $P_2 \in P_1$，则两个模型的输入、输出变量是相同的，两个模型的参数在语义上兼容。

如果 P_1 和 P_2 中的元素不能满足 $P_2 \in P_1$，则对 P_1 和 P_2 中元素的语义进行比较。有些变量的名称不一致，但是其语义和物理意义是一致的，这种变量的语义兼容性检验使用本体来完成。本体能够描述概念之间的等价关系，通过本体可以完成相同物理意义的变量之间的映射。检验的方法是先获取 P_1 和 P_2 中的元素的所有等价概念来扩展两个变量集合，然后依次进行变量的对比，如果两个扩展集合中的变量是匹配的，则也可认为两个模型的参数在语义上兼容。

7.3 服务链执行与结果展示

根据 7.2 节所述，通过服务参数匹配检验，已获得可执行计算的服务链，由 BPMN 标准描述，可通过执行引擎运行服务链。

7.3.1 服务链执行方法

服务链执行通过 Activiti5 执行引擎完成。Activiti5 技术是源自 JBoss 公司的 Java 语言业务流程管理（Java business process management，JBPM）项目，致力于优化业务人员、开发人员和系统管理之间的协作管理，是一个轻量级的工作流和平台产品（高杰，2009）。由于 JBPM 项目的发展，一些原 JBPM 项目的开发人员重新创建、开发了新的开源工作流引擎技术 Activiti，并于 2010 年 12 月发布了稳定的 Activiti5.0 版本（何佳，2012）。Activiti5 定义了七类基础服务接口，分别是 Repository Service、Task Service、Runtime Service、History Service、Identity Service、Form Service、Management Service。这七类基础服务接口通过 ProcessEngine 获取，ProcessEngine 是 Activiti5 引擎中的核心对象，是流程引擎，可以对运行中的流程实例以及数据进行监控和管理。Activiti5 的后台有数据库的支撑，其在数据库中存储 23 张以 act 开头的表，用于支持工作流的工作。

Activiti5 引擎完全支持 BPMN 标准，能够解析 BPMN 文件。将 BPMN 流程文件部署到 Activiti5 引擎中后，引擎会自动将此流程保存到数据库中。执行一个流程，要创建一个流程实例，流程会先通过开始事件，然后沿着开始事件的输出流依次执行每个流程的任务节点，Activiti5 引擎在执行任务的过程中会同时向数据库中存储任务。Activiti5 引擎使用分层的令牌来表示工作流实例当前的运行位置，通过该令牌在工作流各个节点之间的移动轨迹来表示形成工作流实例的过程。通过数据库中的记录，可以查询历史流程的运行状态。同时 Activiti5 引擎还可以通过配置监听器来监控流程的运行过程，监听器有三种：全局的监听器、连线的监听器和节点的监听器。其中，全局的监听器可以监控整个流程的启动和结束，即监控流程实例的启动与结束；连线的监听器可以监控一个节点结束后经过连线的过程；节点的监听器用于监控流程中的任务节点。当前任务执行成功后开始启动下一个任务，如果当前任务执行失败，则此流程终止运行，不再执行下一个任务。

7.3.2　服务链执行结果

Activiti5 引擎执行任务时，通过解析 BPMN 文件，得到网络服务的服务地址和参数，然后调用服务进行分析。服务链执行成功后得到分析结果，通常应急测绘对于突发事件的分析主要分为事故预测分析、灾害评估分析、应急疏散分析三个方面。事故预测分析主要是通过对事故的传播过程进行建模，获得灾害的影响范围。灾害评估分析用于分析灾害的影响程度，主要是对受灾人口进行评估，根据人口流动特点和建筑分布等进行危害评估。应急疏散分析是通过分析应急资源的位置及交通数据等，为安排和实施应急疏散任务的人员提供应急疏散方案、规划疏散路线，更合理地将应急计划区内的人撤离至安全区域。以上分析结果全部以可视化的形式在地图上展示，用户可根据需要选择单独展示某一方面的分析结果，也可生成空间分析报告，用于应急测绘救援决策参考。

第8章 基于众源数据的应急地理信息服务应用——以手机信令为例

众源数据具有时空密度高等特点，近年来广泛应用于城市管理等领域，同时也可作为应急测绘重要的补充数据源。手机信令是一类典型的众源数据，本章以此类数据为例，介绍如何将其应用于应急地理信息服务。

8.1 众源数据基本概念

众源数据是指互联网及移动互联网使用者以各种各样的方式和手段向互联网上传的数据，包括社交媒体数据、手机信令数据等。

手机数据是指手机用户在使用过程中产生的大量位置、时间及与用户相关的特征信息。根据数据的获取方式不同，手机数据主要分为两大类：手机话单数据和手机信令数据。手机话单数据是移动运营商利用话单计费系统，在匿名手机用户使用通信服务产生计费数据时所获取的信息，包括主被叫和收发短信信息。手机信令数据主要是从移动通信系统中获取的手机切换位置与切换时间数据。每隔一段时间，手机会将相关数据传至基站系统，同时上报移动业务交换中心。通过检测接口信令及对信令进行解析，可获得所需目标区域内所有手机的位置数据和每次上传数据的时间戳。

8.2 手机信令数据技术特点

8.2.1 手机信令数据来源

目前，手机定位技术主要有以下几种：全球定位系统（Global Positioning System, GPS）定位技术、辅助卫星（assisted global positioning system, A-GPS）定位技术、增强测量时间差（enhanced observed time difference, E-OTD）定位技术、Cell-ID 定位技术、到达角度测距（angle of arrival, AOA）定位技术、到达时间（time of arrival, TOA）定位技术、双曲线定位即到达时间差（time difference of arrival, TDOA）定位技术、切换（handover）定位技术。手机定位技术根据其实现的方式不同, 可以分为基于终端的定位技术和基于网络的定位技术两大类。以下是手机定位技术的具体介绍。

1. 基于终端的定位技术

1）GPS 定位技术

GPS 定位技术是指在移动设备中嵌入 GPS 定位模块, 利用 GPS 定位模块的 GPS 芯片确定手机的位置。

2）A-GPS 定位技术

A-GPS 定位技术的实现原理与 GPS 定位技术类似, 通过 GPS 卫星定位信息辅助手机信令数据基站信息, 获取移动终端的位置信息, 如图 8.1 所示。A-GPS 定位技术需要在移动设备中增加 GPS 接收机模块, 并改造手机天线, 同时要在移动网络上加建位置服务器、差分 GPS 基准站等设备, 但其定位精度比GPS 定位技术高。

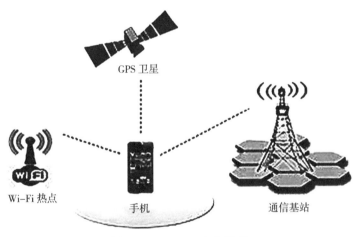

图 8.1　A-GPS 定位原理

3）E-OTD 定位技术

E-OTD 定位技术是从测量时间差（observed time difference, OTD）定位技术发展而来的, OTD 指测量所得的时间量, E-OTD 指测量方式。手机无须附加任何硬件就可以得到测量的结果。对于同步网, 手机测量几个基站收发信机（base station transceiver, BST）信号的相对到达时间; 对于非同步网, 信号同时还需要被一个已知的附加硬件接收。确定了 BST 到手机的信号传输时间, 则可以确定 BST 与手机的几何距离, 再根据此距离进行计算, 最终确定手机的位置。E-OTD 定位技术对手机终端的处理能力和存储容量有很高的要求。

2. 基于网络的定位技术

1）Cell-ID 定位技术

Cell-ID 定位技术起源于原点小区（cell of origin, COO）定位技术，其实现原理是根据手机终端所处小区的位置确定手机终端位置。当手机终端进入小区时，手机终端要在当前小区进行注册，每个小区都有一个唯一的识别码，系统会自动记录手机终端所处小区的识别 ID 数据，并通过小区识别码的位置确认手机终端的位置。Cell-ID 定位技术实现简单，不需要手机终端提供任何信息，但由于其定位精度取决于蜂窝小区的半径大小，其定位精度在几百米到几千米不等。

2）AOA 定位技术

AOA 定位技术是一种典型的基于测距的定位算法，其原理是通过某些硬件设备感知基站信号的到达方向，计算基站和手机终端之间的相对方位或角度，然后利用三角测量法或其他方式计算出手机终端的位置，如图 8.2 所示。在基站与手机终端之间进行信号传播时，如有障碍物，其定位精度会受影响，一般情况下，AOA 定位技术在郊区空旷地区定位精度较高。

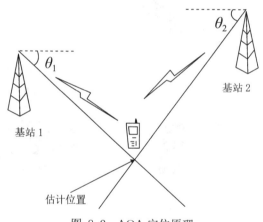

图 8.2 AOA 定位原理

3）TOA 定位技术

TOA 定位技术的原理主要是测量接收信号在基站和手机终端之间的传播时间，然后转换为距离，从而确定手机终端的位置。该方法至少需要三个基站，才能计算目标的位置，其定位原理如图 8.3 所示。测得三个基站与手机终端的距离分别为 R_1、R_2、R_3，以各自基站为圆心、测量距离为半径，绘制三个圆，其交点即为手机终端的位置。当三个基站都是视线线路（line of sight, LOS）基站时，一般可以根据最小二乘法计算手机终端的估计位置。

4）TDOA 定位技术

TDOA 定位技术的定位原理是通过测量信号到达三个基站的时间差来确定

手机终端的位置,即测量手机终端发射的信号到达不同基站的时间差,进而计算手机终端到达不同基站的距离差,然后根据几何计算原理,得到以基站为焦点的双曲线方程,其定位原理如图 8.4 所示。必须得到至少两条相交的双曲线,才可以确定手机终端的位置。因此,TDOA 定位技术至少需要三个基站,而且必须保证各个基站的时间同步。

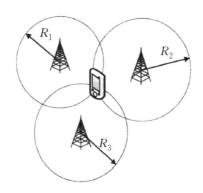

图 8.3　TOA 定位原理

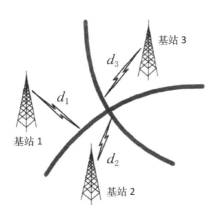

图 8.4　TDOA 定位原理

5)切换定位技术

切换定位技术是指在通话过程中,为了保证通话质量和通话连续性,当手机终端在当前服务基站的信号强度低于地域规定的阈值时,手机终端选择邻近的信号更强的基站作为服务基站的过程。切换定位技术通过解析手机终端在移动过程中在通信网络之间发生的切换,确定手机终端的位置,其定位原理如图 8.5 所示。

从适用无线通信网络类型、对手机终端的要求、网络改造代价和定位精度四方面对手机定位技术进行总结,具体内容如表 8.1 所示。

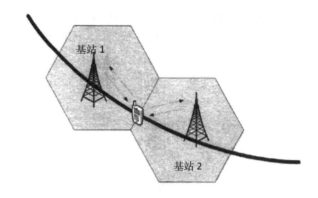

图 8.5　切换定位原理

表 8.1　不同手机定位技术总结

定位技术	网络类型	终端要求	网络改造代价	定位精度
GPS	GSM/CDMA	有	无	30～50m
A-GPS	GSM/CDMA	有	小	10～50m
E-OTD	GSM/CDMA	有	一般	50～125m
Cell-ID	GSM/CDMA	无	无	100～3000m
AOA	GSM/CDMA	无	大	100～200m
TOA	CDMA	无	大	50～200m
TDOA	GSM/CDMA	无	大	100～200m
切换	GSM/CDMA	无	小	与小区半径有关

通过比较无线通信网络类型、对手机终端的要求、网络改造代价和定位精度四个方面可知,基于终端的定位技术定位精度较高,AOA 定位技术、TOA 定位技术、TDOA 定位技术等基于网络的定位技术获取手机终端位置时,都需要借助一些硬件设施,网络改造代价较大,而且其定位精度比基于终端的定位技术要低,不宜广泛使用。

8.2.2　手机信令数据时空特征

与传统人口统计信息采集方式相比,利用手机定位技术采集人口统计信息具有成本低、部署方便、无须安装终端设备等优点,同时,该方法的实施周期较短,能够迅速达到大范围、全方位、全覆盖的效果。

通过对手机信令数据进行分析,可见手机信令数据的时空特征如下:

(1)国家统计局发布的《2022 年国民经济和社会发展统计公报》数据显示,

2022 年全国移动电话用户总数达 16.8 亿户，移动电话用户普及率达 119.2 部 /
百人，移动电话用户群体是完全可靠的。手机信令数据的采集对象是移动电话
（手机终端），而人们的工作、出行等方方面面都离不开手机，利用手机信令数据
分析人口信息完全可以满足要求，特别是其他获取人口统计信息的方式不能实
时地、全面地、高样本地获取所需信息，因此，利用手机信令数据分析人口信息
能更加迅速、准确地反映人口规模及其空间关系。每个手机用户与其手机号码是
一一对应的，为了保护手机用户的隐私，手机信令数据的用户识别码不是真实的
号码，而是经过加密处理后的一组数据，每个用户识别码都是唯一的。

（2）及时记录手机信令数据的获取时间。手机信令数据采用标准的 GPS 时
间，时间单位精确到秒。手机用户主被叫、收发短信、位置更新时会产生一条手
机信令数据记录。手机信令数据记录时间与事情发生时间的偏差不会超过 5 s，
其误差能够满足分析需求。

（3）手机信令数据能够粗颗粒地表明手机用户的位置信息。通过手机信令数
据获取的位置信息存在一定范围的偏差，获取方式不同，其定位精度也不同，一
般为 10～200 m，定位精度的高低与基站的疏密程度有关，城市定位精度较高，
偏远地区定位精度较低。

综上所述，本次研究采用的手机数据中的位置区更新、时间戳等信息，具有
全天候、全覆盖等特点，能够保证手机定位数据在空间与时间上完全覆盖。

8.2.3　手机信令数据主要应用

目前手机定位技术的发展已经相对成熟，在定位服务方面有非常广阔的市场
应用前景，因而各大无线运营商都在积极推进手机定位技术的研究和推广。

Asakura 等（2004）利用手机定位数据研究了居民的出行行为，提出了居民
出行轨迹跟踪标签算法，并且对上百名居民的出行轨迹进行调查，验证了使用基
于手机定位数据的轨迹跟踪标签算法研究居民行为的可行性。Calabrese 等（2011）
利用手机定位技术获取了居民出行的手机定位数据，用以估计居民出行的目的与
需求，并且将实验结果与美国波士顿人口普查数据进行对比，发现该结果在行政区
划单元的基础上与人口普查数据有很好的相关性；此外，用该方法估计了工作日与
周末的居民出行分布，认为该估计方法可以成为交通管理和应急的关键组成部分。
Liu 等（2013）通过对 80 名用户持续超过一年的手机定位数据进行分析，发现了居
民出行目的与交通行为决策之间的内在联系，研究结果指出，基于手机定位数据的
用户出行活动预测精度达到 69.7%。Ahas（2010）介绍了一种基于手机定位数据
的定位模型，该模型能够识别出手机用户的家庭和工作位置，监测人口的分布及
流动性；并对爱沙尼亚超过 50 万名匿名手机用户的 12 个月手机定位数据进行分

析，结果显示该模型可以很好地描述当地人口的地理特征。González 等（2008）利用连续 6 个月产生的 10 万条手机定位数据来分析居民的出行轨迹，结果表明，居民的出行轨迹有着高度的时空规律，其出行距离和停留点具有相似性，尽管存在空间概率分布的差异性和各向异性，大部分居民依然遵循简单、可复制的出行模式。Demissie 等（2019）对手机定位数据进行预处理后，基于 GIS 可视化统计分析了城市人口的出行状态，以此进行人流量的估计。

李祖芬等（2016）使用北京手机信令数据提取了居民出行时空分布特征，并将所得的结果与第四次北京城市交通综合调查的数据进行对比，发现出行时间分布特征和空间分布特征的偏差较小，侧面验证了基于手机信令数据提取时空分布特征是可行的，而居民的出行时空分布特征能够反映居民的交通需求在时间、空间上的分布，为缓解交通拥堵、提高道路通行效率等提供数据支持。扈中伟等（2013）将北京手机信令数据作为数据基础，提出了居民出行特征提取与分析的技术路线，并对居民交通起止点分布、人口分布云图演变、通勤出行路线等进行了综合分析，结果表明，手机信令数据对用户时空分布全景图、街道或行政区划层次的分析结果比较理想，能够提供丰富的分析结果并且将其进行可视化展示。冉斌（2013）、冉斌等（2013）系统性地介绍了手机数据在城市规划、交通调查以及交通规划方面的实践应用，并在阐述手机用户出行轨迹识别原理和手机数据内容的基础上，提出了客流出行特征分析的一般流程和具体应用案例，如就业人口调查、客流出行特征调查、客流集散监测等。徐仲之等（2017）使用美国旧金山湾区 429 595 名手机用户的通话详单（call detail records，CDR）数据信息感知湾区人口分布信息，发现区域人口密度与手机用户的数量和活跃度存在一定关系，并将结果与人口普查数据进行对比，论证了手机数据在感知人口分布方面的可用性。钮心毅等（2014）基于移动通信基站的地理位置数据和手机信令数据，以上海中心城区为例，识别了上海就业、游憩、居住功能区及其混合程度，认为手机信令数据是传统城市空间结构研究方法的有益补充。张惠等（2015）使用 4.7 亿条连续 7 天的手机信令数据，从出行时间、出行次数、出行速度等角度进行统计分析，得到人们的出行特征，对人口出行时段、出行距离、出行强度等的现状做出判断。杜亚朋等（2018）结合手机信令数据和地图导航数据，利用聚类算法以及时间关联性算法，识别居民的出行方式。

8.3　手机信令数据空间化处理方法

8.3.1　手机信令数据的预处理流程

1. 格式处理

获取的手机信令数据以 JSON 文件形式储存,不对位置、时间进行独立存储,这不利于下一步研究,需对其进行格式处理,为接下来的研究提供数据基础。原始的手机信令数据如下(以某手机用户 4 天的部分原始手机信令数据为例):

dd11bc875cd9fa41bb5b1c92448f3261[{"DATE":"2017-02-18 02:17:28", "AREA":" 中国—北京市—北京市—海淀区—上地街道—东北旺村—软件园三号路", "LNG":"116.283106", "LAT":"40.0468"},{"DATE":"2017-02-17 21:57:54", "AREA":" 中国—北京市—北京市—海淀区—上地街道—东北旺村—软件园三号路", "LNG":"116.283106", "LAT":"40.0468"},{"DATE":"2017-02-17 18:54:13", "AREA":" 中国—北京市—北京市—海淀区—上地街道—东北旺村—软件园三号路", "LNG":"116.282102", "LAT":"40.047826"},{"DATE":"2017-02-18 01:15:13", "AREA":" 中国—北京市—北京市—海淀区—上地街道—东北旺村—软件园三号路", "LNG":"116.283106", "LAT":"40.0468"},{"DATE":"2017-02-18 07:48:03", "AREA":" 中国—北京市—北京市—海淀区—上地街道—东北旺村—软件园三号路", "LNG":"116.283106", "LAT":"40.0468"},{"DATE":"2017-02-16 14:26:07", "AREA":" 中国—北京市—北京市—海淀区—上地街道—东北旺村—软件园三号路", "LNG":"116.282018", "LAT":"40.047964"},{"DATE":"2017-02-16 13:12:25", "AREA":" 中国—北京市—北京市—海淀区—上地街道—东北旺村—软件园三号路", "LNG":"116.282018", "LAT":"40.047964"},{"DATE":"2017-02-15 15:38:46", "AREA":" 中国—北京市—北京市—海淀区—上地街道—东北旺村—软件园三号路", "LNG":"116.282057", "LAT":"40.047831"},{"DATE":"2017-02-17 23:05:39", "AREA":" 中国—北京市—北京市—海淀区—上地街道—东北旺村—软件园三号路", "LNG":"116.283106", "LAT":"40.0468"},{"DATE":"2017-02-18 03:22:46", "AREA":" 中国—北京市—北京市—海淀区—上地街道—东北旺村—软件园三号路", "LNG":"116.283106", "LAT":"40.0468"},{"DATE":"2017-02-15 14:37:37", "AREA":" 中国—北京市—北京市—海淀区—上地街道—东北旺村—软件园三号路", "LNG":"116.281971", "LAT":"40.047832"},{"DATE":"2017-02-18 00:07:54", "AREA":" 中国—北京市—北京市—海淀区—上地街道—东北旺村—软件园三号路", "LNG":"116.283106", "LAT":"40.0468"},

{"DATE":"2017-02-16 15:26:21", "AREA":" 中 国 — 北 京 市 — 北 京 市 — 海淀区—上地街道—东北旺村—软件园三号路 ", "LNG":"116.282018", "LAT":"40.047964"}]。

　　对上述手机信令数据进行格式处理,结果如表8.2至表8.5所示。处理后的数据保存为CSV格式。

表 8.2　某手机用户 2017 年 2 月 15 日手机信令数据

时间	东经	北纬	位置
2017-02-15 14:37:37	116.281 971	40.047 832	中国—北京市—北京市—海淀区—上地街道—东北旺村—软件园三号路
2017-02-15 15:38:46	116.282 057	40.047 831	中国—北京市—北京市—海淀区—上地街道—东北旺村—软件园三号路

表 8.3　某手机用户 2017 年 2 月 16 日手机信令数据

时间	东经	北纬	位置
2017-02-16 13:12:25	116.282 018	40.047 964	中国—北京市—北京市—海淀区—上地街道—东北旺村—软件园三号路
2017-02-16 14:26:07	116.282 018	40.047 964	中国—北京市—北京市—海淀区—上地街道—东北旺村—软件园三号路
2017-02-16 15:26:21	116.282 018	40.047 964	中国—北京市—北京市—海淀区—上地街道—东北旺村—软件园三号路

表 8.4　某手机用户 2017 年 2 月 17 日手机信令数据

时间	东经	北纬	位置
2017-02-17 18:54:13	116.282 102	40.047 826	中国—北京市—北京市—海淀区—上地街道—东北旺村—软件园三号路
2017-02-17 21:57:54	116.283 106	40.046 8	中国—北京市—北京市—海淀区—上地街道—东北旺村—软件园三号路
2017-02-17 23:05:39	116.283 106	40.046 8	中国—北京市—北京市—海淀区—上地街道—东北旺村—软件园三号路

表 8.5　某手机用户 2017 年 2 月 18 日手机信令数据

时间	东经	北纬	位置
2017-02-18 00:07:54	116.283 106	40.046 8	中国—北京市—北京市—海淀区—上地街道—东北旺村—软件园三号路
2017-02-18 01:15:13	116.283 106	40.046 8	中国—北京市—北京市—海淀区—上地街道—东北旺村—软件园三号路

时间	东经	北纬	位置
2017-02-18 02:17:28	116.283 106	40.046 8	中国—北京市—北京市—海淀区—上地街道—东北旺村—软件园三号路
2017-02-18 03:22:46	116.283 106	40.046 8	中国—北京市—北京市—海淀区—上地街道—东北旺村—软件园三号路
2017-02-18 07:48:03	116.283 106	40.046 8	中国—北京市—北京市—海淀区—上地街道—东北旺村—软件园三号路

2. 数据清洗

通信网络在记录采集到的手机信令数据时，由于传输干扰、系统出错等的影响，会产生大量的无效数据，这些数据会干扰进一步的数据挖掘工作，因此需要对其进行清洗。针对不同类型的无效数据，采用不同的处理策略，具体方法如下：

（1）缺失数据。在手机定位系统采集以及记录手机信令数据时，有极小的概率会发生数据缺失的情况。若缺失的数据项为用户识别码，则可以通过上下文信息给予补全；若缺失的数据项为其他信息，由于无法补全，可直接将包含空值的轨迹点删除。

（2）重复数据。在数据源中，会出现一部分所有字段完全相同的连续数据，这部分数据称为重复数据，这主要是由手机信令采集系统的错误造成的。重复数据不仅会增大计算量，而且会增大后续的受灾人口算法的误差，因此必须将其去除。针对重复数据，可保留重复数据中的首条数据，删除其他数据。

（3）错误数据。在数据源中，有些轨迹点中的数据并不在正常的取值范围内。例如，数据日期错误，或经纬度坐标不在北京市，针对这一部分数据，可将其删除。

3. 数据等时间间隔化处理

根据研究需要，将手机信令数据空间化处理，并且使用 ArcGIS 工具将 2017 年 2 月 16 日数据处理成时间间隔为 1 小时的数据集。

8.3.2　DBSCAN 与 *K* 均值算法结合的手机信令数据的空间聚类方法

空间聚类是根据一定的相似性对空间数据进行聚类，用类来体现空间实体间的空间关联。空间聚类所采用的方法与传统聚类不尽相同，空间聚类方法主要考虑空间对象间的远近、拓扑、方位以及疏密关系等空间上的结构特征，因此空间聚类可以使手机信令数据集的整个空间分布规律显现得更为明显和真切。

具有噪声的基于密度聚类（density-based spatial clustering of application with noise, DBSCAN）算法是一种基于密度的空间聚类方法，其算法根据密度将区域划分为簇，并且可以发现空间数据含有的离散点。DBSCAN 算法的定义很简单：由密度可达关系导出最大密度相连的样本集合，即最终聚类的一个类别，或者一个簇。DBSCAN 算法的簇里面可以有一个或者多个核心对象。如果只有一个核心对象，则簇里其他的非核心对象样本都在这个核心对象的 Eps 邻域内；如果有多个核心对象，则簇里的任意一个核心对象的 Eps 邻域中一定有一个其他的核心对象，否则这两个核心对象无法密度可达。这些核心对象的 Eps 邻域内所有样本集合组成一个 DBSCAN 聚类簇。DBSCAN 使用的找到簇样本集合方法很简单：任意选择一个没有类别的核心对象作为种子，然后找到所有这个核心对象能够密度可达的样本集合，即为一个聚类簇；接着继续选择另一个没有类别的核心对象，并寻找密度可达的样本集合，这样就得到另一个聚类簇；一直运行到所有核心对象都有类别为止。但是还有一些异常样本点或者说少量游离于簇外的样本点，这些点不在任何一个核心对象的周围，在 DBSCAN 算法中，一般将这些样本点标记为噪声点。

K 均值算法是一种被广泛使用的聚类算法。在 K 均值算法中，用聚类中心来表示类或簇，K 均值算法对噪声点非常敏感。如图 8.6 所示，这一组数据可以聚合为一类，如果使用 K 均值算法进行聚合，周边的 4 个噪声点会被聚合到这个类中，"+" 为其聚类中心；若能去除这些噪声点，"×" 为其聚类中心，聚类中心明显发生偏移，而且 "×" 更能代表这组数据的空间分布特征。

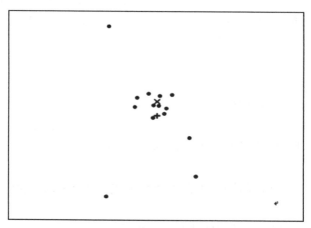

图 8.6　手机信令数据噪声点影响聚类中心精度示意

考虑 DBSCAN 与 K 均值两种算法的特性，一是 DBSCAN 算法可以识别空间数据的离散点，二是 K 均值算法聚合时聚类中心受噪声点的影响较大，将两种算法结合可以达到在某些方面优劣互补的效果，使得到的聚类中心的结果更为准确。下面给出 DBSCAN 与 K 均值算法结合的手机信令数据的空间聚类方法涉及的几个定义：

（1）Eps 邻域。P 为数据集 D 中的任意一点，以 Eps 为半径、P 点为圆心作圆 O，得到的圆 O 以内的区域就是该点的 Eps 邻域。

（2）核心点。给定参数 $MinPts$，如果在 P 点的 Eps 邻域内有不少于 $MinPts$ 的样本点数，那么称 P 点为核心点。

（3）噪声点。无法代表数据空间结构的离散点。

DBSCAN 与 K 均值算法结合的手机信令数据的空间聚类的流程大致可以描述为：给定一个数据集 D，计算点与点之间的距离分布矩阵，运用数学中的极大似然估算法对整个矩阵第 i 个距离值的泊松分布进行估算，即

$$Eps_i = \frac{1}{n}\sum_{i=1}^{n}X_i \tag{8.1}$$

经过分析确定 Eps_i、$MinPts$。在数据集 D 中选取任意一点 P，以点 P 为圆心，找出半径为 Eps_i 的圆 O 内所有的点，即点集 M，若点集 M 中点的数量小于 $MinPts$，则将点 P 标记为噪声点，否则将点 P 标记为核心点；遍历点集 M 内未被访问的点，以点集 M 内某点为圆心、Eps_i 为半径画圆，计算圆内点的数量，若其大于 $MinPts$，则将不属于点集 M 中的点加入 M，若圆内的点被标记为噪声点，则取消噪声点标记，将点集 M 设置为类 i；遍历数据集 D 中未被访问的点直到所有的点被分到各个类，此时，噪声点已经被标记。在剔除噪声点的点集 $D_无$ 中随机选取 $clusterNum$ 个点作为初始聚类中心，记为点集 N，计算点集 $D_无$ 中的点到点集 N 内的点的距离最小的点，即将点集 $D_无$ 分为 $clusterNum$ 个类，对于每个类使用 K 均值的方法更新中心点，如此循环直到原中心点与新中心点的误差小于某一阈值，结束聚合。

8.4　基于手机信令数据的受灾人数计算方法

8.4.1　计算受灾人数的约束条件

大量文献表明，受灾人数及受灾人口情况在各种大型灾害中都是必须统计的受灾情况。例如在地震灾害中需要收集的相关信息有：严重倒塌建筑物的分布与规模情况，建筑物内的总人数、受伤人数和死亡人数，被埋压人员的大致分布状况，被埋压人员存活的可能性，倒塌建筑物的功能结构类型、楼层数和破坏程度，倒塌现场的火情状况和二次坍塌的可能性，现场施救过程中其他方面潜在的危险性等。在洪涝灾害中需要收集的信息主要有：灾害发生的时间、地点、现场情况，灾害的影响范围，灾害可能造成的受灾人数和初步估计的经济损失情况（包括房

屋损坏情况和农作物受灾情况）。可以看出，灾区的受灾情况都是必须了解的信息。众所周知，地震的黄金救援时间是 72 小时，陆地洪灾的黄金救援时间是 72 小时，雪崩的黄金救援时间是 15 分钟，海上灾难的黄金救援时间是 12 小时，火灾的黄金救援和逃生时间是 3~5 分钟。由此可知，救灾的第一要求就是快，若想快速展开救援行动，尽可能减少生命财产的损失，就需要对灾区的受灾情况进行了解，如灾情发生的地点及其范围、灾情发生时刻的人口情况。

因此，基于手机信令数据计算受灾人数主要考虑两个方面，即空间维度和时间维度。

1. 空间维度

空间维度指的是两个方面，一是灾害的影响范围，假设灾害范围已知，可直接使用；二是灾害发生时实时的受灾人口分布情况。灾害的影响范围一般呈现不规则形状，而现有的人口数据都是以行政单元为单位进行统计的，手机信令数据虽然有时也会按行政单元打包，但其记录的是误差范围内准确的实时位置，所以手机信令数据没有行政单元限制。

2. 时间维度

灾害评估模型使用的人口数据一般为人口普查数据或利用其他方式计算的人口数据，这些方式获取人口数据的时间距离灾害发生时间比较长。例如人口普查数据，其调查人口分布的时间是每十年一次，一般调查人口的居住地，即户口登记所在地。而现在人口的流动性较大，不是静止不动的，根据时间的变化，其位置发生变化。例如黑龙江省人到北京市工作，其户口所在地是黑龙江省，人口统计时会被简单统计在北京市，并不知道具体位置。不同时间段各地区的人口密度变化幅度也较大，如商业街区、交通枢纽等区域白天的人口密度比夜晚大，而居民区则是夜晚的人口密度比白天大。由此可见，灾害发生时间亦会影响受灾人数。本节使用手机信令数据以小时为单位统计人口数量，以便实时获取人口的分布情况。

8.4.2 受灾人数计算方法

受灾人数计算方法如下：先对手机信令数据以小时为单元进行处理，将一天的手机信令数据分为 24 个数据集，用户的时间采样间隔为 0.5~1 小时，对于一个用户在同一小时内具有多个采样记录的情况，取其出现频率最高的位置作为代表。

（1）基于核密度计算人口分布情况。每一个样本对密度的影响是连续的，应该随着距离的增加而平滑减小。由此得到核密度估计公式，即

$$P(x) = \frac{1}{N} \sum_{k=1}^{N} \frac{1}{h} K\left(\frac{x - x_k}{h}\right) \tag{8.2}$$

$$K(x) = \frac{1}{\sqrt{2\pi}} \exp\left(-\frac{x^2}{2}\right) \qquad (8.3)$$

式中，h 为带宽，N 为样本数。根据核密度估计方法，得到基于手机信令数据的人口分布情况。

（2）直接计算灾区人口情况。将经过预处理的手机信令数据作为人口真值，计算灾区人口情况。

（3）基于聚类方法计算灾区人口情况。将经过预处理的手机信令数据以区（县）为单元划分，采用 DBSCAN 与 K 均值算法结合的聚类算法进行聚类分析，根据数据本身的空间分布特性获取聚类结果，用得到的各个类的聚类中心代表人口的大致分布情况，用各个类的点数代表该类范围内人口的数量，判断聚类中心是否在灾情影响范围内。若聚类中心在，则认为该类范围内的所有人都属于可能受灾的人口；反之，聚类中心不在灾情影响范围内，则该类范围内的所有人都不属于可能受灾的人口，进而对可能受灾的人口进行预估。

8.4.3　实验结果与分析

1. 每小时人数

图 8.7 所示是经过预处理得到的部分北京市人数。

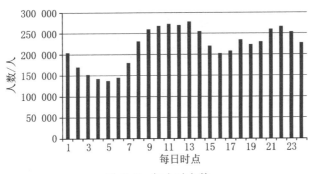

图 8.7　每小时人数

2. 基于核密度计算人口分布情况

基于核密度估计方法，对手机信令数据进行处理得到北京市部分人口分布图，如图 8.8 所示。使用 900×900 的格网进行处理，每张图代表一个时段（1 小时）的人口分布情况，红色越重代表人数越多。由图 8.8 可知，中间部分是城市中心，红色较重，代表人数较多。众所周知，城市中心是北京的功能区，人口一般较多，由此可以看出，手机信令数据可以反映人口及其空间关系。

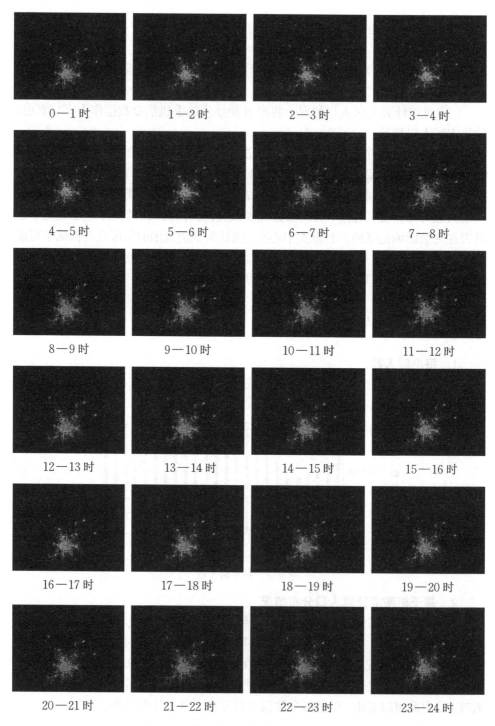

0—1 时　　1—2 时　　2—3 时　　3—4 时

4—5 时　　5—6 时　　6—7 时　　7—8 时

8—9 时　　9—10 时　　10—11 时　　11—12 时

12—13 时　　13—14 时　　14—15 时　　15—16 时

16—17 时　　17—18 时　　18—19 时　　19—20 时

20—21 时　　21—22 时　　22—23 时　　23—24 时

图 8.8　基于手机信令数据的人口分布图

3. 对比分析

对直接计算灾区人口情况与基于聚类方法计算灾区人口情况两种方法所用的时间进行对比,如图8.9所示。

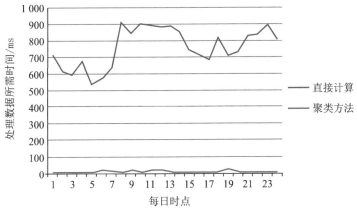

图 8.9　时间分析

对直接计算灾区人口情况与基于聚类方法计算灾区人口情况两种方法所得的人口情况进行对比,如图8.10所示。

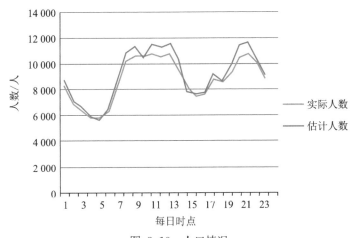

图 8.10　人口情况

与直接使用手机信令数据计算人口数量做对比,使用聚类方法计算受灾人口数量的准确率在90%以上,如图8.11所示。

对上述三种方法进行分析可知:

(1)使用核密度估计方法处理手机信令数据确定灾区人口分布情况,获得每个时间段的灾区人口分布图大概需要4小时左右,灾区人口分布图的获取时间与格网大小有关,格网越小,精度越高,但所需时间会成倍增加,使用该方法不能获得具体的可能受灾的人口数量，只能直观地展示人口聚集情况。

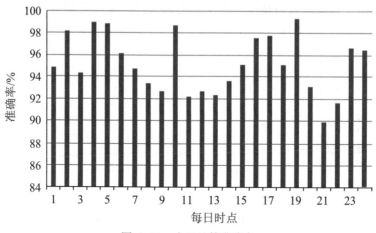

图 8.11　人口计算准确率

（2）相比于基于聚类方法计算灾区人口情况，直接计算灾区人口情况所需时间相对较多，而且该方法无法表达人口聚集情况。

（3）基于聚类方法计算灾区人口情况比基于核密度计算人口分布情况和直接计算灾区人口情况所需时间少，而且该方法可以展示出人口的大致分布情况。

应急测绘可以理解为，根据特定的应急环境，基于已有测绘地理信息资料，收集、存储、分析和共享各类地理空间数据，快速生产出不同阶段、不同内容、不同精度的应急测绘产品，并提供"力所能及"的成果和服务，是一个从粗到精、从点到面的灵活生产过程。在灾害发生时，应急响应部门要求受灾地区的地势地貌、道路交通、人口分布、受灾范围等应急指挥基础图在 24 小时内完成分批制作、打印和提供。本节提出的基于手机信令数据计算受灾人数方法，不仅可以提供可能受灾的人口的大致空间分布，还可以预估可能受灾的人口数量，为应急指挥中心确定灾害等级、初步分配救援物资等提供数据支撑。

第9章 应急地理信息集成分析服务系统实例

本章通过一个实例详细描述了基于案例驱动的应急地理信息服务组合在系统中的应用过程，并展示了最终的分析结果，证明了基于案例驱动的应急地理信息服务组合技术的可行性和有效性。

9.1 系统背景

防灾减灾救灾工作事关人民群众生命财产安全，事关社会和谐稳定。

我国是世界上自然灾害最为严重的国家之一，灾害种类多，分布地域广，发生频率高，造成损失重，坚持以防为主、防抗救相结合，坚持常态减灾和非常态救灾相统一，努力实现从注重灾后救助向注重灾前预防转变，从应对单一灾种向综合减灾转变，从减少灾害损失向减轻灾害风险转变，全面提升全社会抵御自然灾害的综合防范能力。

应急测绘作为一项需要建设的基础能力，需从国家层面统筹规划与建设。2011—2012年，国务院印发了《国家综合防灾减灾规划（2011—2015年）》和《国家航空应急救援体系建设"十二五"规划》，对我国的突发事件应急体系建设和综合防灾减灾工作做了全面的部署。上述规划中，对国家应急测绘专业力量建设提出了明确目标，建设形成国家级应急测绘处理平台和三支国家应急测绘保障分队，基本建成国家航空应急救援体系中的应急测绘专业力量。

2017年，国务院印发了《国家突发事件应急体系建设"十三五"规划》《国家综合防灾减灾规划（2016—2020年）》。规划要求，应组织开展应急管理标准体系研究，建立统一的应急管理标准体系框架，推进应急管理基础标准研制，协调不同领域专业标准研制；重点研制一批风险评估、隐患治理、突发事件预警、应急资源建设及管理等关键基础标准，并开展相关标准的推广应用示范，提升应急管理标准化水平。

2022年，国务院印发《"十四五"国家应急体系规划》《"十四五"国家综合防灾减灾规划》，对"十四五"时期安全生产、防灾减灾救灾等工作进行全面部署。聚焦事故灾难和自然灾害重点从七方面发力，受灾人员基本生活得到有效救助时间缩短至10小时以内，加大中西部地区国家综合性消防救援队伍建设力度。

在此背景下，本章对应急地理信息集成分析服务系统进行了相关研究，并给出一个应急地理信息集成分析服务系统的实例。

9.2　技术路线

9.2.1　总体架构

本书给出的应急地理信息集成分析服务系统,从逻辑结构上划分为物理层、系统层、数据层、控制层、分析层五层体系结构(图9.1)。基于构建的软硬件基础平台,对软件模块进行从软件框架层次到数据处理流程以及业务流程的整合和完善,形成应急地理信息集成分析服务系统。

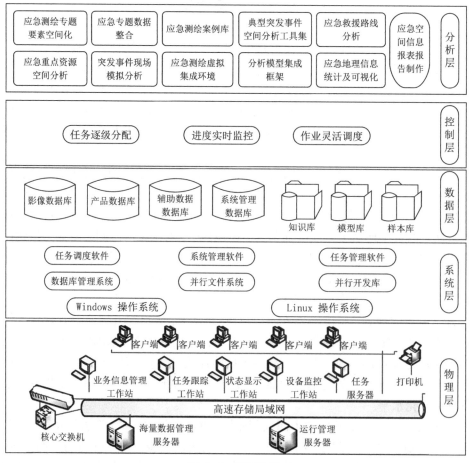

图 9.1　系统结构

(1)物理层。主要包括搭建集群系统的所有硬件设备,由服务器群、工作站群、分布式网络环境组成。

（2）系统层。主要包括基础性支撑软件系统及平台，由操作系统、并行文件系统、数据库管理系统、任务调度软件等软件环境组成。

（3）数据层。主要包括航天、航空、低空遥感数据，以及社会经济、自然资源等专题数据，采用综合手段对多元化数据进行集中管理与综合利用。

（4）控制层。通过任务逐级分配、进度实时监控、作业灵活调度实现过程控制。

（5）分析层。针对专题提取信息，实现应急测绘专题要素空间化、应急专题数据整合、应急测绘案例库、典型突发事件空间分析工具集、应急救援路线分析、应急重点资源空间分析、突发事件现场模拟分析、应急地理信息统计及可视化、应急空间信息报表报告制作等。

9.2.2　系统流程

应急地理信息集成分析服务系统的工作流程如图 9.2 所示。

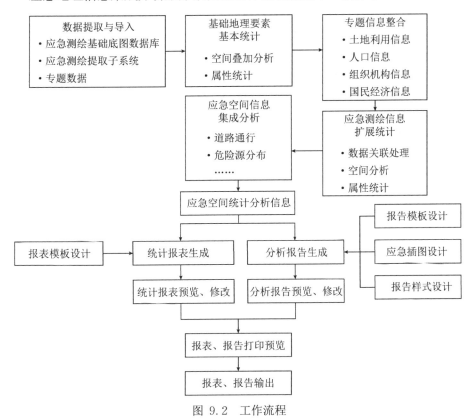

图 9.2　工作流程

（1）根据遥感影像解译结果，结合应急测绘基础底图数据库以及专题数据，如组织机构信息、人口社会资源信息、土地利用信息、城市道路信息等，经过加工处理，通过特定接口实现数据集成，形成应急地理信息数据库。

（2）在具备遥感影像解译数据和基础地理信息数据的基础上，通过空间叠加分析和属性统计，获取基础地理要素基本统计结果。在输入土地利用信息、人口信息、组织机构信息和国民经济信息等专题数据的基础上，通过数据关联处理、空间分析和属性统计，可以获取应急测绘信息扩展统计结果。

（3）根据实际需要，选择相关分析模块，进行专题信息分析。应急空间信息集成分析功能支持其中不同的专题分析功能，能实现单一功能、多功能组合分析。统计分析结果以图片、表格、文本等多种形式展现，同时能与基础地理信息相结合，实现专题分析结果在地图上的可视化表达。

（4）基于应急空间统计分析信息，根据不同的用户及专题分析功能，选择预先设计出应急空间信息统计报表、分析报告模板，生成应急空间信息统计报表、分析报告，并可以进行二次编辑，支持修改、预览、输出等多种功能。

应急空间信息统计报表、分析报告输出流程如下：

——用户预先设计好多种应急空间信息统计报表、分析报告模板，根据不同灾区的基础地理要素种类、用户等信息，设计出不同的应急空间信息统计报表、分析报告模板。

——通过系统提供的报表、报告模板管理功能，将不同的报表、报告模板管理起来，可以执行增加、删除、复制等操作。

——用户选择要输出的应急空间信息统计报表、分析报告模板。

——输出应急空间信息统计、分析结果到相应模板中。

——在应急空间信息分析报告中插入相关的应急空间分析图表。

——用户预览应急空间信息统计报表、分析报告，并在线进行相关修改。

——用户输出应急空间信息统计报表、分析报告，可供其他系统调用以及输出打印。

（5）应急空间信息统计报表、分析报告打印预览，检查是否符合要求，最终输出应急空间信息统计报表、分析报告。

9.2.3 系统接口

1. 系统外部接口

应急地理信息集成分析服务系统外部主要对接应急测绘地理信息提取子系统，以地形数据库、基础地理信息数据库和地理国情数据库为基础，提供地形图、基础地理信息数据、地理国情监测数据，集成到信息集成与空间分析子系统中，对数据进行集成管理、分析展示，如图 9.3 所示。

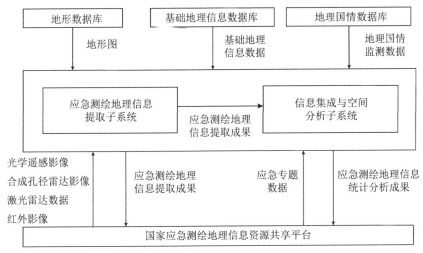

图 9.3　系统外部接口

2. 系统内部接口

应急地理信息集成分析服务系统按照数据流通可以分为三部分：数据管理模块、数据分析模块和数据信息化展示模块。将应急测绘地理信息提取子系统提取的应急测绘地理信息提取成果录入信息集成与空间分析子系统中，存储在外部数据服务管理模块，数据分析模块依据各分析功能调用相应数据，将分析结果导入应急空间信息报表报告制作模块，最终生成报表报告，如图 9.4 所示。

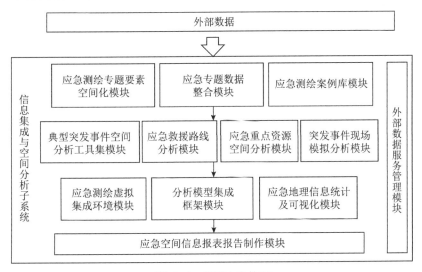

图 9.4　系统内部接口

应急地理信息集成与分析服务系统与国家应急平台对接,实现调用国家应急平台数据的服务,可以快速调用国家应急平台数据来进行辅助决策,进行地区与地区数据的对比分析,满足辅助决策的数据要求。

(1)与国家地理信息公共服务平台对接。在中小比例尺数据展现的时候,调用国家地理信息公共服务资源,满足宏观地理空间服务。

(2)与气象局公共气象服务中心对接。实时获取气象局气象数据,满足应急服务对气象数据的要求。

对接数据如下:

(1)地理空间数据。主要包括矢量数据、高分辨率影像数据、关注点数据等。

(2)国家政务服务平台数据。主要包括各地方的政务服务数据、事项清单、实施清单、自然人数据。

(3)国家统计局的人口数据。包括历年各地方的人口普查数据、人口抽查数据等,涉及人口数量、民族、分布、年龄等。

(4)国家法人库数据。包括企业法人数据、企业注册地、经济行业分类、经营范围等。

(5)历年地质灾害数据。用于地质灾害预警。

(6)宏观经济关联数据。包括国内生产总值(gross domestic product,GDP)、通货膨胀与紧缩数据、投资指标、消费数据、金融数据、财政指标等。

(7)专用地理资源数据。带有地理信息的数据,供政府或者专门的机构使用。

9.2.4 数据来源

本系统主要是对应急测绘所获取的地理信息数据进行再处理及统计分析。主要的数据来源为应急基础数据、应急专题数据以及应急测绘提取数据,如表9.1所示。

表 9.1 数据来源

数据来源	数据类型		数据获取频率
应急基础数据	数字矢量地图	1:100万	每次进行统计分析操作需要进行实时读取
		1:25万	
		1:5万	
		1:1万	
	数字高程模型(DEM)数据	1:25万	
		1:5万	
		1:1万	

数据来源	数据类型		数据获取频率
应急基础数据	遥感影像数据	全国低分辨率	每次进行统计分析操作需要进行实时读取
		全国中等分辨率	
		重点区域高分辨率	
	地名数据	1：25 万	
		1：5 万	
		1：1 万	
应急专题数据	应急救援力量分布	应急救援力量分布	每次进行统计分析操作需要进行实时读取
		应急运输资源分布	
		应急医疗资源分布	
		应急避难场所分布	
	重点监测防护目标	重大危险源	
		重点防护目标	
		重点污染源	
		监测监控站点	
		旅游景点	
	专题信息	经济统计数据	
		人口统计数据	
		主要森林草场数据	
应急测绘提取数据	洪涝、台风受灾强度预估成果	1：2 000～1：5 万	每次进行统计分析操作需要进行实时读取
	地震受灾强度预估成果	1：2 000～1：5 万	
	雪灾受灾强度预估成果	1：2 000～1：5 万	
	森林、草原火灾受灾强度预估成果	1：2 000～1：5 万	
	地震监测空间化成果	1：2 000～1：5 万	
	洪涝、台风上报信息空间化成果	1：2 000～1：5 万	
	地震、滑坡、泥石流上报信息空间化成果	1：2 000～1：5 万	
	雪灾上报信息空间化成果	1：2 000～1：5 万	
	森林、草原火灾上报信息空间化成果	1：2 000～1：5 万	
	洪涝、台风受灾范围成果	1：2 000～1：5 万	
	洪涝、台风受灾范围变化成果	1：2 000～1：5 万	

续表

数据来源	数据类型		数据获取频率
应急测绘提取数据	淹没水深成果	1∶2 000~1∶5 万	每次进行统计分析操作需要进行实时读取
	地震范围成果	1∶2 000~1∶5 万	
	地震形变成果	1∶1 万~1∶5 万	
	地质灾害范围成果	1∶2 000~1∶5 万	
	雪灾范围成果	1∶2 000~1∶5 万	
	雪灾范围变化成果	1∶2 000~1∶5 万	
	火点分布成果	1∶2 000~1∶5 万	
	火烧迹地成果	1∶2 000~1∶5 万	
	火灾范围变化成果	1∶2 000~1∶5 万	
	基础设施(公路、铁路、桥梁、隧道、沟渠、河道、大坝、堤岸等)损毁成果	1∶2 000~1∶5 万	
	居民地及工矿用地损毁成果	1∶2 000~1∶5 万	
	植被覆盖(农田、林地、园地、草地)损毁成果	1∶2 000~1∶5 万	

9.2.5　系统输出成果

　　应急地理信息集成分析服务系统具备对测绘地理信息提取数据进行及时整合、统计、分析处理的功能,可生成能直接应用于应急救援的多种成果,主要成果形式有数据成果、统计报表成果、分析报告成果,一般与应急测绘解译信息同步更新,覆盖范围为灾害发生区域或现场影像覆盖区域。其指标如表9.2所示。

表9.2　输出成果指标

	成果形式	制图表达方式	比例尺
数据	房屋受损情况空间统计数据	按图斑、类型、行政区域统计	1∶5 万
	基础设施受损情况空间统计数据	按图斑、类型、行政区域统计	1∶5 万
	灾害体基本统计数据	按图斑、类型、行政区域统计	1∶5 万
	受灾人口空间统计数据	按行政区域统计	1∶5 万、1∶25 万
	受灾 GDP 空间统计数据	按行政区域统计	1∶5 万、1∶25 万
	公共服务机构空间统计数据	按机构类型、行政区域统计	1∶5 万、1∶25 万
	相关企业空间统计数据	按企业类型、行政区域统计	1∶5 万、1∶25 万

续表

	成果形式	制图表达方式	比例尺
数据	道路通行分析数据	县级以上公路	1:5万
	降落地点选择分析数据	按行政区域统计	1:5万
	救灾资源空间分布分析数据	按救灾资源类型、行政区域统计	1:5万
	危险源空间分布分析数据	按危险源类型、行政区域统计	1:5万、1:25万
	洪水淹没分析数据	按行政区域统计	1:5万、1:25万
统计报表	房屋受损情况空间统计报表	按受损类型、行政区域分类分级汇总	
	基础设施受损情况空间统计报表	按受损类型、行政区域分类分级汇总	
	灾害体基本统计报表	按受损类型、行政区域分类分级汇总	
	受灾人口空间统计报表	按受损类型、行政区域分类分级汇总	
	受灾 GDP 空间统计报表	按受损类型、行政区域分类分级汇总	
	公共服务机构空间统计报表	按受损类型、行政区域分类分级汇总	
	相关企业空间统计报表	按受损类型、行政区域分类分级汇总	
分析报告	地震灾情地理信息集成分析报告		
	洪涝灾情地理信息集成分析报告		
	泥石流灾情地理信息集成分析报告		
	旱灾灾情地理信息集成分析报告		
	滑坡灾情地理信息集成分析报告		
	台风灾情地理信息集成分析报告		
	雪灾灾情地理信息集成分析报告		
	火灾灾情地理信息集成分析报告		

9.3 功能模块

应急地理信息集成分析服务系统包括信息集成及空间分析软件和软硬件支撑环境。信息集成及空间分析软件由 12 个模块组成，包括外部数据服务管理模块、应急专题数据整合模块、应急测绘专题要素空间化模块、典型突发事件空间分析工具集模块、应急救援路线分析模块、应急重点资源空间分析模块、突发事件现场模拟分析模块、分析模型集成框架模块、应急测绘案例库模块、应急测绘虚拟集成环境模块、应急地理信息统计及可视化模块，以及应急空间信息报表报告制作模块。系统模块组成如图 9.5 所示。

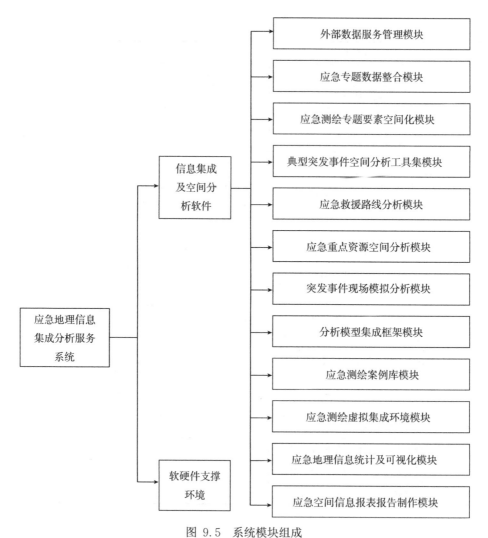

图 9.5　系统模块组成

9.3.1　外部数据服务管理模块

1．模块概述

通过数据服务注册、配置、管理等方式，快速接入应急救灾管理平台或其他系统的数据服务，包括应急救灾平台、应急救灾服务子系统、应急测绘地理信息提取子系统等提供的数据服务，采用数据服务聚合模式实现灾区空间数据服务、专题数据服务与服务管理；以数据共享的形式，为指挥调度、数据库管理、快速制图等系统提供数据共享服务，内容包括输出统计、分析结果。

2. 模块结构

外部数据服务管理模块主要包括数据分类、数据注册和数据浏览等功能,如图9.6所示。

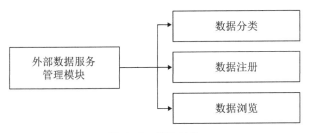

图 9.6 模块结构

(1)数据分类。主要实现应急信息资源的分类,形成应急信息资源目录管理体系。

(2)数据注册。主要实现人口、经济、法人注册,重点目标、危险源、防护目标注册,基础点状图层、基础钻取图层、基础地图数据及地理国情监测数据等注册功能,以及瓦片缓存图层、带经纬度表格图层、矢量要素图层、地理实体图层、关联实体图层及远程服务调用功能。

(3)数据浏览。主要实现各类应急信息资源的查询与浏览。

3. 运行流程

外部数据服务管理模块运行流程如图9.7所示。

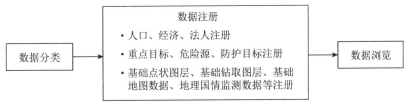

图 9.7 运行流程

具体流程如下:

(1)设计数据分类功能。包括各类应急信息资源的分类。

(2)设计数据注册功能。注册类型包括瓦片缓存服务、矢量数据图层服务、地理实体图层服务、关联实体图层服务、远程服务调用以及空间数据分析服务等功能。

(3)设计数据浏览功能。根据需求设计在地图上浏览相应的应急信息资源数据的功能,支持分区统计地图、分级统计地图、地图对比、时态播放以及复合地图应用等。

4. 功能接口

外部数据服务管理模块的功能接口如图9.8所示。

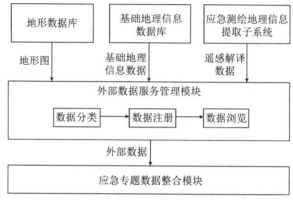

图 9.8 功能接口

外部数据服务管理模块的数据来自地形数据库、基础地理信息数据库、应急测绘地理信息提取子系统等,通过数据分类、数据注册和数据浏览等手段管理相关数据资源,最后为应急专题数据整合模块提供数据。主要通过传递运行参数信息,实现数据读写功能。具体描述如下:

(1)与地形数据库间的接口关系。主要用于从地形数据库中获取基本比例尺地形图数据。

(2)与基础地理信息数据库间的接口关系。主要用于从基础地理信息数据库中获取基础地理信息数据。

(3)与应急测绘地理信息提取子系统间的接口关系。主要用于从应急测绘地理信息提取子系统中获取遥感解译数据。

(4)与应急专题数据整合模块的接口关系。

5. 数据内容

本模块主要是针对应急测绘所获取的基础数据进行再处理,统计、分析应急测绘地理信息。主要的数据来源为应急基础数据、应急专题数据以及应急测绘系统提取子系统。外部数据服务管理数据内容见表9.3。

表9.3 外部数据服务管理数据内容

输入数据	输出数据
基础影像瓦片、基础矢量瓦片、基础地形晕渲瓦片	将输入数据存入数据库,实现结构化管理
基础高程数据	
全国行政区划数据	
全国道路网络数据	

续表

输入数据	输出数据
全国地表覆盖数据 地名关注点 应急专题数据（应急资源、重点目标、危险源） 全国人口数据	将输入数据存入数据库，实现结构化管理

9.3.2　应急专题数据整合模块

1. 模块概述

在长期的应急救灾系统建设过程中，积累了大量数据资源，应急专题数据整合模块采用地名—地址编码技术对企事业单位、危险源、医疗机构、消防机构等的数据进行抽取与整合。

2. 模块结构

应急专题数据整合模块主要包括多级网格编码与尺度确定、人口信息资源整合、灾区企事业单位数据整合、灾区及周边应急资源整合、灾区危险源数据整合、统一灾情符号库资源整合功能，如图 9.9 所示。

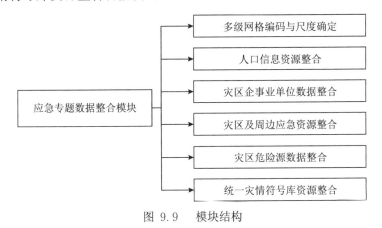

图 9.9　模块结构

3. 运行流程

应急专题数据整合模块工作流程如图 9.10 所示。

应急专题数据整合模块采用地名—地址编码技术对企事业单位、危险源、医疗机构、消防机构等的数据进行抽取与整合。具体流程如下：

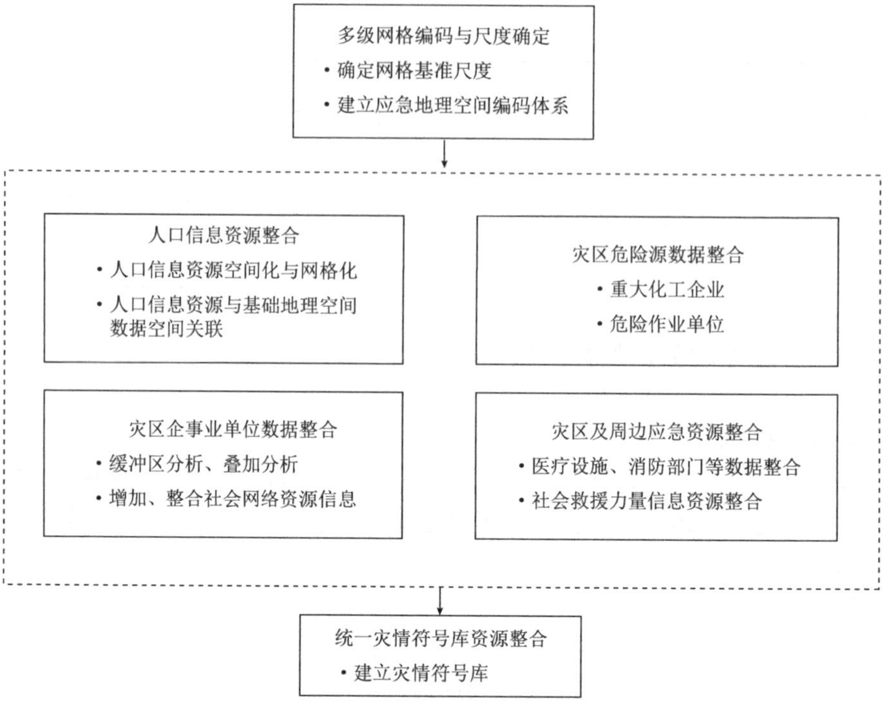

```
┌─────────────────────────────┐
│      多级网格编码与尺度确定      │
│  • 确定网格基准尺度             │
│  • 建立应急地理空间编码体系       │
└─────────────────────────────┘
```

┌ ─ ┐

```
┌─────────────────────────┐      ┌─────────────────────────┐
│      人口信息资源整合        │      │     灾区危险源数据整合       │
│ • 人口信息资源空间化与网格化  │      │  • 重大化工企业             │
│ • 人口信息资源与基础地理空间 │      │  • 危险作业单位             │
│   数据空间关联              │      │                          │
└─────────────────────────┘      └─────────────────────────┘

┌─────────────────────────┐      ┌─────────────────────────┐
│    灾区企事业单位数据整合     │      │    灾区及周边应急资源整合     │
│ • 缓冲区分析、叠加分析       │      │ • 医疗设施、消防部门等数据整合 │
│ • 增加、整合社会网络资源信息  │      │ • 社会救援力量信息资源整合    │
└─────────────────────────┘      └─────────────────────────┘
```

└ ─ ┘

```
┌─────────────────────────────┐
│      统一灾情符号库资源整合      │
│  • 建立灾情符号库              │
└─────────────────────────────┘
```

图 9.10　应急专题数据整合模块工作流程

（1）多级网格编码与尺度确定。按照受灾区域实际情况，根据网格划分依据，确定网格基准尺度，建立标准的不同尺度地理网格的应急地理空间编码体系，实现多级网格（1 km、500 m、200 m 等）编码体系细分、粗分区域的提取等功能，支持特定区域网格最优尺度的确定。

（2）人口信息资源整合。基于基础地理空间数据，利用空间分析、空间统计方法，实现人口信息资源的空间化、网格化及与基础地理空间数据的空间关联。

（3）灾区企事业单位数据整合。通过缓冲区分析、叠加分析等方法提取灾区及周边区域的企事业单位信息，并通过企事业单位地理位置增加、整合社会网络资源信息。

（4）灾区及周边应急资源整合。通过整合灾区及周边应急资源，提取灾区及周边医疗设施、消防部门等数据，整合社会救援力量信息资源。

（5）灾区危险源数据整合。抽取并整合受灾区域内重大化工企业、危险作业单位等数据。

（6）统一灾情符号库资源整合。在已有的灾情符号库的基础上实现灾情符号整理与扩充。

4. 功能接口

应急专题数据整合模块主要包括人口网格数据提取、企事业单位数据提取、灾区及周边应急资源整合、灾区危险源数据整合功能，相关接口如图 9.11 所示。

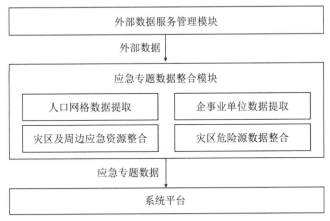

图 9.11　功能接口

应急专题数据整合模块的数据来自外部数据服务管理模块，通过数据分类、数据注册和数据浏览等工具管理相关数据资源，为系统平台提供各类应急专题数据。主要通过传递运行参数信息，实现数据读写功能。具体描述如下：

（1）与外部数据服务管理模块的接口关系。主要用于从外部数据服务管理模块中获取各类基础信息、危险源信息、应急专题信息等。

（2）与系统平台间的接口关系。主要用于为系统平台提供整合后的各类应急专题信息。

5. 数据内容

本模块主要是对应急测绘所获取的基础数据进行再处理，并实现数据空间化。应急专题数据整合数据内容见表9.4。

表9.4　应急专题数据整合数据内容

输入数据	输出数据
包含地名、地址的文本描述行政编号、邮政编号	查找数据库，输出与地名相对应的空间坐标值，在地图上标注并可视化展示 通过匹配数据库，查找与编号相对应的地名、地址，并在地图上标注并可视化展示
Shapefile 格式数据	Shapefile 格式数据
MIF 和 TAB 格式数据	MIF 和 TAB 格式数据
CAD 格式数据	CAD 格式数据

9.3.3 应急测绘专题要素空间化模块

1. 模块概述

提供应急测绘专题要素的空间化功能。本模块主要利用土地利用、地形、交通、水系等基础数据,构建人口、经济产值空间分布模型,并实现专题要素的空间分布计算。

2. 模块结构

本模块主要采用地名—地址地理编码技术,实现专题要素的空间定位。具体功能如图9.12所示。

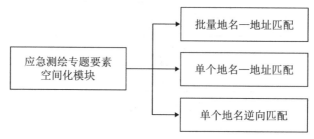

图 9.12 模块结构

(1)批量地名—地址匹配。用户选择地名—地址文档,系统根据文档中包含名称的地址批量匹配,将地址位置映射到空间展示。

(2)单个地名—地址匹配。根据用户输入的地址名称,输出经纬度坐标,为地理编码库中的数据匹配对应的地名、地址,将专题数据映射到空间坐标。

(3)单个地名逆向匹配。根据用户输入的专题数据,以及专题数据中所包含的经纬度坐标,为地理编码库中的数据匹配完全相同的地名、地址,将专题数据映射到空间坐标。

3. 运行流程

应急测绘专题要素空间化模块的输入为应急测绘专题数据,输出为应急测绘专题分布数据。运行流程如图9.13所示。

图 9.13 运行流程

4. 功能接口

应急测绘专题要素空间化模块主要是实现专题数据的空间化,功能接口如图9.14所示。

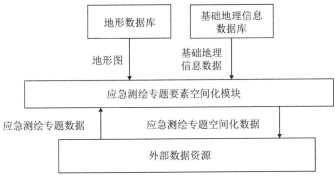

图 9.14　功能接口

本模块的数据源来自地形数据库、基础地理信息数据库，主要通过传递运行参数信息，实现数据读写功能。具体描述如下：

（1）与地形数据库间的接口关系。主要用于从地形数据库中获取基本比例尺地形图数据。

（2）与基础地理信息数据库间的接口关系。主要用于从基础地理信息数据库中获取地名—地址数据。

5. 数据内容

本模块主要是对应急测绘所获取的统计数据进行再处理，并实现数据空间化。应急测绘专题要素空间化数据内容见表9.5。

表 9.5　应急测绘专题要素空间化数据内容

输入数据	输出数据
人口数据、经济数据等统计数据	人口格网数据，经济格网数据和法人格网数据

9.3.4　典型突发事件空间分析工具集模块

1. 模块概述

本模块以基础地理信息数据及专题灾害数据为基础，利用空间分析技术，建立了地质灾害、洪水、火灾与毒气四种典型突发事件的空间分析模型，提供了对受灾范围内的相关致灾要素、受灾要素以及灾区背景进行空间分析的功能。

2. 模块结构

典型突发事件空间分析工具集模块包括地质灾害风险分析、洪水灾害分析、火灾灾害分析以及毒气灾害分析四部分，如图9.15所示。

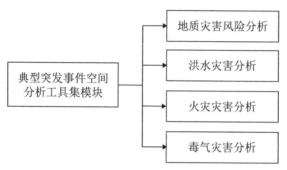

图 9.15　模块结构

（1）地质灾害风险分析。针对山体滑坡、泥石流、地表沉降等典型地质灾害，结合气象数据等致灾因子，依据地区的历史灾前信息，分析灾情发生的可能性及影响范围，生成一个风险评估专题图层；将风险评估专题图层与地表覆盖类型图层叠加，确定人工选定的危险区域内是否有居民居住点，为危险区域内的居民提供预警，同时支持将分析结果导入报表报告模块。

（2）洪水灾害分析。利用洪水淹没模型，进行洪水淹没范围和水深分布的模拟分析，洪水灾害分析对防洪减灾、洪水风险分析和灾情评估都具有重要的意义。

（3）火灾灾害分析。针对野外火灾，进行影响范围分析，实现灾区应急信息提取与显示、火灾灾情预估、现场灾情展示等功能。

（4）毒气灾害分析。针对毒气扩散灾害，进行影响范围分析，实现灾区应急信息提取与显示、毒气灾情预估、现场灾情展示等功能。

3. 地质灾害风险分析

1）运行流程

地质灾害风险分析的运行流程（图 9.16）如下：

（1）输入地质灾害模型分析参数，如降雨量、降雨强度、降雨时间等。

（2）导入高程数据。

（3）导入地表覆盖类型图层。

（4）分析得出地质灾害危险区域，划分危险等级。

（5）确定危险区域内是否有居民居住点，并确定居住点位置，及时向居民提供预警。

图 9.16　运行流程

2）功能接口

本模块主要用于实现对地质灾害影响范围的分析，功能接口如图9.17所示。

图 9.17　功能接口

本模块的数据来自地形数据库、基础地理信息数据库等，主要通过传递运行参数信息，实现数据读写功能。具体描述如下：

（1）与地形数据库间的接口关系。主要用于从地形数据库中获取基本比例尺数字高程模型数据。

（2）与基础地理信息数据库间的接口关系。主要用于从基础地理信息数据库中获取基础地理信息数据。

（3）与应急测绘地理信息提取子系统间的接口关系。主要用于从该提取子系统中获取遥感解译数据。

3）数据内容

本模块主要是对应急测绘所获取的基础数据进行再处理。地质灾害风险分析数据内容见表9.6。

表9.6　地质灾害风险分析数据内容

输入数据	输出数据
气象参数（降雨量、降雨强度、降雨时间等） 高程数据 地表覆盖类型数据	地质灾害风险评估图层

4. 洪水灾害分析

1）运行流程

典型突发事件空间分析工具集模块输入为洪水突发事件的空间特征参数，输出为突发事件危险区域分布。运行流程如图9.18所示。

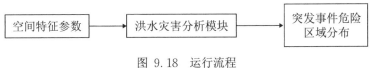

图 9.18　运行流程

洪水灾害分析的实现步骤如下：

（1）以多边形划定分析范围。

（2）用户连接几点构成折线段作为拦截大坝的位置。

（3）导入高程数据。

（4）分析拦截大坝淹没上游区域范围，并可视化展示。

2）功能接口

本模块主要用于实现对洪水灾害影响范围的分析，功能接口如图 9.19 所示。

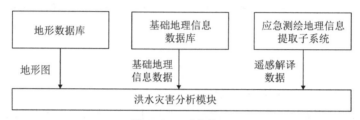

图 9.19　功能接口

本模块的数据来自地形数据库、基础地理信息数据库等，主要通过传递运行参数信息，实现数据读写功能。具体描述如下：

（1）与地形数据库间的接口关系。主要用于从地形数据库中获取基本比例尺数字高程模型数据。

（2）与基础地理信息数据库间的接口关系。主要用于从基础地理信息数据库中获取基础地理信息数据。

（3）与应急测绘地理信息提取子系统的接口关系。主要用于从该提取子系统中获取遥感解译数据。

3）数据内容

洪水灾害分析是在数字高程模型数据、基础地理信息数据、地表覆盖类型数据的基础上利用 GIS 平台获得洪水淹没范围、地点受灾情况。洪水灾害分析数据内容见表 9.7。

表 9.7　洪水灾害分析数据内容

输入数据	输出数据
气象参数（降雨量、降雨强度、降雨时间等）	
高程数据	洪水灾害评估图层
地表覆盖类型数据	

5. 火灾灾害分析

1）运行流程

用户输入火灾事件的基本信息（如位置等），本模块对火灾扩散灾害的范围进行计算，得出受灾范围，并对火灾扩散灾害的影响范围进行计算，得出影响范围（图 9.20）。

图 9.20　运行流程

火灾灾害分析的实现步骤如下：

（1）以多边形划定分析范围。

（2）确定着火点。

（3）导入周边地表覆盖数据。

（4）分析火灾影响范围，并可视化展示。

2）功能接口

本模块主要用于实现对火灾影响范围的分析，功能接口如图 9.21 所示。

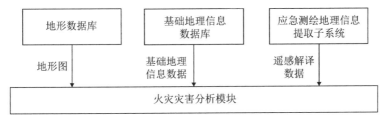

图 9.21　功能接口

本模块的数据来自地形数据库、基础地理信息数据库等，主要通过传递运行参数信息，实现数据读写功能。具体描述如下：

（1）与地形数据库间的接口关系。主要用于从地形数据库中获取基本比例尺数字高程模型数据。

（2）与基础地理信息数据库间的接口关系。主要用于从基础地理信息数据库中获取基础地理信息数据。

（3）与应急测绘地理信息提取子系统的接口关系。主要用于从该子系统中获取遥感解译数据。

3）数据内容

本模块主要是对应急测绘所获取的基础数据进行再处理。火灾灾害分析数据内容见表 9.8。

表 9.8　火灾灾害分析数据内容

输入数据	输出数据
高程数据 人口数据 地表覆盖类型数据	火灾灾害评估图层

6. 毒气灾害分析

1）运行流程

用户输入毒气事件的基本信息（如位置等），本模块对毒气扩散灾害的范围进行计算，得出受灾范围，并对毒气扩散灾害的影响范围进行计算，得出影响范围（图9.22）。

图 9.22　运行流程

毒气灾害分析的实现步骤如下：

（1）以多边形划定分析范围。

（2）确定毒气事件的位置。

（3）导入周边气象等参数数据。

（4）分析毒气影响范围，并可视化展示。

2）功能接口

本模块主要用于实现对毒气影响范围的分析，功能接口如图9.23所示。

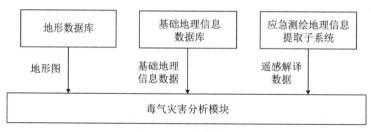

图 9.23　功能接口

本模块的数据来自地形数据库、基础地理信息数据库等，主要通过传递运行参数信息，实现数据读写功能。具体描述如下：

（1）与地形数据库间的接口关系。主要用于从地形数据库中获取基本比例尺数字高程模型数据。

（2）与基础地理信息数据库间的接口关系。主要用于从基础地理信息数据库中获取基础地理信息数据。

（3）与应急测绘地理信息提取子系统的接口关系。主要用于从该提取子系统中获取遥感解译数据。

3）数据内容

本模块主要是对应急测绘所获取的基础数据进行再处理。毒气灾害分析数据内容见表9.9。

表 9.9　毒气灾害分析数据内容

输入数据	输出数据
气象参数(降雨量、降雨强度、降雨时间等)	
高程数据	毒气灾害评估图层
地表覆盖类型数据	

9.3.5　应急救援路线分析模块

1. 模块概述

本模块主要为突发事件的救援路线的制定规划提供空间辅助,主要分为道路救援路径分析与降落地点选择分析等。道路救援路径分析是利用基础道路数据和遥感解译数据,提供灾区公路、铁路通达情况,为灾后救援和物资输送提供详细的路网参考信息。降落地点选择分析是根据遥感影像、遥感解译数据、土地利用数据以及基础地理信息等,提供降落场所选择提示信息,及时提供可用于直升机救援降落的地理位置和范围等信息。

2. 模块结构

应急救援路线分析模块包括道路救援路径分析和降落地点选择分析。道路救援路径分析主要包括两个子功能:道路通行分析和救援路径规划。降落地点选择分析主要包括地表覆盖查询、坡度和面积分析两个子操作。模块结构如图 9.24 所示。

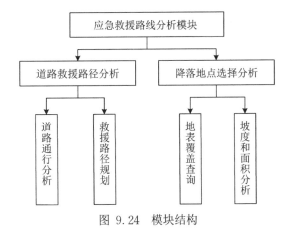

图 9.24　模块结构

1)道路通行分析

道路通行分析功能是结合路网数据和灾情现场解译数据,分析受灾区域的主要基础交通设施情况,如铁路、公路的可通行性,统计因灾情受损的道路长度、位置等信息,并将受损路段在地图上标注并可视化展示,为应急救援提供交通保障。

2)救援路径规划

在道路通行分析后,更新损坏和不可通行的道路信息,结合基础路网数据进行救援路径规划,为受灾人群提供可通行的转移路线,也可以为救援物资快速运送到灾情现场分配路径。

3)地表覆盖查询

地表覆盖查询的目的是筛选适合直升机降落的地物类型,排除存在建筑物、水体、森林等地物目标的区域,为直升机选择合适的降落区域。

4)坡度和面积分析

规定直升机降落地点的坡度小于 5°,为面积不小于直径 50 m 的圆形区域。坡度和面积分析功能利用高程数据计算地表坡度,利用地表覆盖数据排除非降落区域,查找出适宜直升机降落和物资空投的空间区域。

3. 运行流程

在灾情发生后应急测绘响应的过程中,不但要保持受灾信息的导入、存储、分析以及挖掘,更要关注实时灾情信息的更新和传入。而应急救援路线分析模块的实质就是融合灾害发生时已有的数据和受灾过程中实时产生的数据,从而为救援方案的制定和决策提供更充分的保障。应急救援路线分析模块的运行流程如图 9.25 所示。

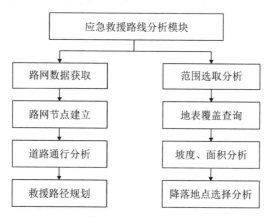

图 9.25　运行流程

应急救援路线分析模块重点关注救灾人员和受灾人员的空间位置关系,通过分析两者之间的最优路径,为灾后救援工作提供可靠的保障。应急救援路线分析模块以基础地理信息和组织机构信息为基础数据源,重点提供灾情路况、建筑物三维空间信息和受损状况、救援保障、人员安排等信息,以及为灾后实施救援提供基础的救灾资源信息。

具体技术流程如下：

（1）首先提取地形图上各等级道路的边线、中心线及辅助线和公路桥、立交桥的框架线等地物要素，制作指定区域路网数据。

（2）建立路网节点，在道路相交的地方生成交叉，并标明平交或立交关系。

（3）道路通行分析。将应急测绘基础地理信息数据（受损道路）与全国路网数据进行叠加；统计灾情现场分析解译的受灾道路点数量、位置、长度和受损程度等信息，将解译数据存入表格，支持图表展示；通过可视化方式展示出道路的受灾情况；输出受损道路与全国路网数据叠加的图层。

（4）救援路径规划。用户可以选取初始点，初始点可以是灾害发生点、人员受伤位置等；选取目的地，目的地是避难场所、广场、医院等安全场所；选取必经点（障碍点）；选取初始点和目的地之后，用户可以选择安全的中转站，规划路径必须经过选取的中转站。选取障碍点的目的是规避这些中转点，如当某路段受损，路径规划必须绕开这条道路并分析替代路线。

（5）确定救援最优路径。通过分析道路通行情况和相关路网数据，得到救援起点和终点的最优路径。

（6）降落地点选择分析。以多边形选取分析范围；在选取范围内叠加地表覆盖矢量数据，排除水体、森林和建筑物等无法降落的区域；对无地物遮盖的区域进行坡度分析，选取坡度小于 5° 的区域；对符合上述流程的区域进行面积分析，选取大于直径 50 m 圆形面积的区域；保存这些区域数据，并将这些区域可视化展示。

4. 功能接口

应急救援路线分析模块主要为突发事件的救援路线的制定规划提供空间辅助，功能接口如图 9.26 所示。

图 9.26　功能接口

本模块的数据来自地形数据库、基础地理信息数据库等，主要通过传递运行参数信息，实现数据读写功能。具体描述如下：

（1）与地形数据库间的接口关系。主要用于从地形数据库中获取基本比例尺数字高程模型数据。

（2）与基础地理信息数据库间的接口关系。根据图层、要素名称及编码等分层次、分要素地提取地形图上各等级道路的边线、中心线及辅助线和公路桥、立交桥的框架线等地物要素，制作指定区域路网数据。

（3）与应急测绘地理信息提取子系统的接口关系。主要用于从该提取子系统中获取遥感解译数据。

5. 数据内容

本模块主要是对应急测绘所获取的基础数据进行再处理。分应急救援路线分析数据内容见表9.10。

表 9.10　应急救援路线分析数据内容

输入数据	输出数据
路网数据	救援路线图
高程数据	降落地点分布图
地表覆盖类型数据	

9.3.6　应急重点资源空间分析模块

1. 模块概述

应急重点资源空间分析模块主要是对应急中所重点关注的救灾资源与危险源进行空间分析，为应急决策提供信息支撑。救灾资源空间分析以基础地理信息和组织机构信息为基础数据源，重点提供灾区医院、消防及相关单位的位置和详细信息，为灾后实施救援提供基础的救灾资源信息。危险源空间分析主要以基础地理信息和组织机构信息为数据源，重点提供灾区危险化工企业等的位置和详细信息，为躲避危险源、实施安全救援提供信息保障。

2. 模块结构

发生灾害事件并确定灾害类型之后，应急预案会预估灾害造成的损失以及所需的救援物资种类和数量。应急重点资源空间分析模块依据受灾情况，分析灾区所需要的救援物资数量，具体包括应急资源调度分析与防护目标和危险源空间分析两部分，如图9.27所示。

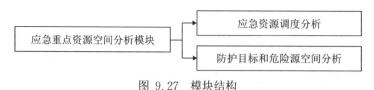

图 9.27　模块结构

1）应急资源调度分析

应急资源调度分析功能依据受灾情况，分析灾区所需要的救灾资源数量。例如发生地震灾害后，需要为受灾地区的群众提供一定数量的应急帐篷，应急资源调度分析功能会统计周边应急资源储备点目前存储的帐篷数量, 按照需求找到符合预计总数的所有应急资源储备点, 并在地图上展示。

2) 防护目标和危险源空间分析

防护目标和危险源空间分析主要包括防护目标空间分析与危险源空间分析。防护目标空间分析的主要功能为, 分析受灾区域给定范围内重点防护目标(如医院、学校、避难场所等)的数量和位置, 为应急救援提供信息保障。危险源空间分析功能为, 分析受灾区域给定范围内危险源的数量和位置, 为应急救援和物资运输提供躲避信息和安全保障。

3. 应急资源调度分析

1) 运行流程

应急资源调度分析重点关注救灾资源, 并对其进行空间分析, 为应急决策提供信息支撑(图 9.28)。具体技术流程如下:

(1) 结合应急测绘基础底图数据库信息以及相关部门共享提供的专题数据, 获取救灾资源基本统计结果, 并分析受灾地区周围的应急资源空间分布。

(2) 结合应急测绘基础底图数据库信息以及相关部门共享提供的专题数据, 获取目标区域一定范围内的相关信息, 如目标区域附近医院信息、加油站信息、消防站信息、学校信息、人员信息等。

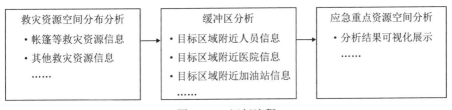

图 9.28　运行流程

2) 功能接口

应急资源调度分析模块主要为救灾资源管理提供空间辅助, 功能接口如图 9.29 所示。

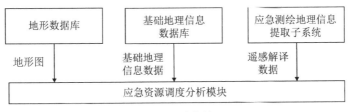

图 9.29　功能接口

本模块的数据来自地形数据库、基础地理信息数据库等, 主要通过传递运行参数信息, 实现数据读写功能。具体描述如下:

（1）与地形数据库间的接口关系。主要用于从地形数据库中获取基本比例尺数字高程模型数据。

（2）与基础地理信息数据库间的接口关系。根据图层、要素名称及编码等分层次、分要素地提取地形图上的应急物资等地物要素。

（3）与应急测绘地理信息提取子系统的接口关系。主要用于从该提取子系统中获取遥感解译数据。

3）数据内容

本模块主要是对应急测绘所获取的基础数据进行再处理。应急资源调度分析数据内容见表9.11。

表9.11　应急资源调度分析数据内容

输入数据	输出数据
应急专题数据	满足物资需求的应急资源储备点
应急资源属性数据	应急资源储备点的属性（储备点名称、物资数量）
输入参数（物资种类、数量、搜索范围）	

4. 防护目标和危险源空间分析

1）运行流程

防护目标和危险源空间分析重点关注防护目标与危险源并对其进行空间分析，为应急决策提供信息支撑（图9.30）。具体技术流程如下：①确定灾害中心点；②选择分析目标、防护目标和危险源；③输入搜索范围半径；④输出搜索范围内的防护目标和危险源的数量和位置。

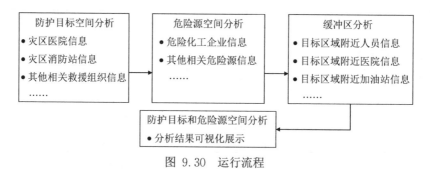

图9.30　运行流程

2）功能接口

防护目标和危险源空间分析模块主要为防护目标与危险源管理提供空间辅助，功能接口如图9.31所示。

本模块的数据来自地形数据库、基础地理信息数据库等，主要通过传递运行参数信息，实现数据读写功能。具体描述如下：

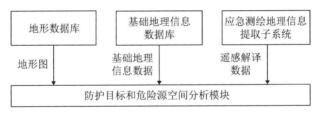

图 9.31　功能接口

（1）与地形数据库间的接口关系。主要用于从地形数据库中获取基本比例尺数字高程模型数据。

（2）与基础地理信息数据库间的接口关系。根据图层、要素名称及编码等分层次、分要素地提取地形图上的防护目标、危险源等地物要素。

（3）与应急测绘地理信息提取子系统的接口关系。主要用于从该子系统中获取遥感解译数据。

3）数据内容

本模块主要是对应急测绘所获取的基础数据进行再处理。防护目标和危险源空间分析数据内容见表 9.12。

表 9.12　防护目标和危险源空间分析数据内容

输入数据	输出数据
应急专题数据（应急资源、重点目标、危险源）防护目标属性约束性参数（物资种类、数量、搜索范围）	选择区域内的防护目标以及危险源

9.3.7　突发事件现场模拟分析模块

1.　模块概述

突发事件现场模拟分析模块主要是对二三维一体化的虚拟地理环境进行快速构建和可视化，主要包括受灾区域场景快速构建、受灾区域地形分析、洪水淹没分析、土方测算、灾害影响范围缓冲区分析功能。同时，利用灾区的数字高程模型地形数据，可以根据需要执行地形可视域分析，辅助设计救援飞行巡航路线。

2.　模块结构

突发事件现场模拟分析模块可在三维场景下对灾区地理环境进行快速构建和可视化，实现受灾区域场景快速构建，同时利用灾区的数字高程模型地形数据，根据需要执行地形可视域分析，辅助设计飞行巡航路线。模块结构如图 9.32所示。

1）灾区三维场景构建

根据灾区的遥感影像数据、数字高程模型数据等相关信息，构建灾区三维场景，对显示场景进行模拟与再现。三维地理信息系统的核心是三维空间数据库，由扩展的关系数据库系统存储管理三维空间对象。三维地理信息系统需要多种数据的参与，包括数字高程模型地形数据、表现地表景观的数字正射影像图（DOM）数据、数字矢量地图（DLG）数据、多种地物数据、纹理数据、描述性文本资料，同时还有图片、声音和录像等多媒体数据等，需要采用一定的方法对多源数据进行集成与管理，并采用一定的数据组织与空间索引方法。本系统可快速实现数据的定位及渲染。

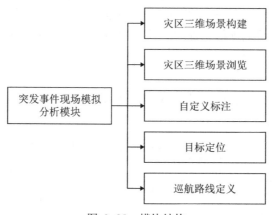

图 9.32　模块结构

2）灾区三维场景浏览

提供了面向三维场景数据的通用工具。支持二三维一体化浏览，支持二维显示、三维显示及二三维联动显示；支持点、线、面、图标等多种标注的动态添加、显隐、删除；支持常见基础地理信息格式；支持标准的地理信息服务，如 WMS、WFS 等，支持矢量、栅格多图层叠加、显示与管理；支持基于数字高程模型的地形起伏模型展示、采样与分析；支持常见三维模型格式的加载、渲染，包括各类常见格式。

3）自定义标注

提供用户在三维场景中自动标注的功能，允许用户在场景中进行符号标注。

4）目标定位

目标定位是将查询的信息快速显示在地理信息平台上。本系统对信息定位根据信息的特点进行了优化，将二维表达与三维表达相结合，兼顾了美观及效率。用户可直接通过鼠标右键点击地图场景中的图标进行属性查询，系统使用属性的关联查询，从数据库中调取相应的属性并将其显示在地图中，其查询速度

快,定位准确。主要包括:

——坐标输入定位。根据用户输入的坐标,将三维场景居中定位到用户输入的坐标位置。视点俯仰角和水平角遵照系统默认设置。

——节点定位。按照用户在项目列表中选择的节点,将三维场景居中定位到用户选择的节点位置。视点俯仰角和水平角遵照系统默认设置。

5)巡航路线定义

按照用户需求,自定义飞行巡航路线,按照路线展示灾区的三维情况。

3. 运行流程

突发事件现场模拟分析模块的输入为灾区三维地理信息,输出为灾区三维场景模拟数据。运行流程如图 9.33 所示。

图 9.33　运行流程

(1)灾区三维地理信息输入。输入灾区三维地理信息,包括数字高程模型数据、高分辨率遥感影像数据等。

(2)突发事件现场构建。根据灾区的遥感影像数据、数字高程模型数据等,构建灾区三维场景,对显示场景进行模拟与再现。

(3)灾区三维场景模拟数据输出。用户可以在三维场景中执行漫游、缩放、旋转等浏览操作,还可以自定义飞行巡航路线,按照路线展示灾区的三维情况。

4. 功能接口

本模块主要是在三维场景下对灾区地理环境进行快速构建和可视化,实现受灾区域场景快速构建。功能接口如图 9.34 所示。

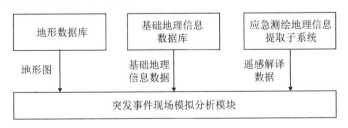

图 9.34　功能接口

本模块的数据来自地形数据库、基础地理信息数据库等,主要通过传递运行参数信息,实现数据读写功能。具体描述如下:

(1)与地形数据库间的接口关系。主要用于从地形数据库中获取基本比例尺数字高程模型数据。

（2）与基础地理信息数据库间的接口关系。主要用于从基础地理信息数据库中获取基础地理信息数据。

（3）与应急测绘地理信息提取子系统的接口关系。主要用于从该子系统中获取遥感解译数据。

5. 数据内容

本模块主要是对应急测绘所获取的基础数据进行再处理，主要的数据来源为地形数据库、基础地理信息数据库。突发事件现场模拟分析数据内容见表9.13。

表9.13　突发事件现场模拟分析数据内容

输入数据	输出数据
灾区正射影像数据	
高程数据	灾区三维场景
重要矢量要素数据	

9.3.8　分析模型集成框架模块

1. 模块概述

分析模型集成框架模块提供专业分析模型的构建环境，允许用户自定义分析流程、输入、输出、权重等各类关键系数来构建分析模型，从而支撑不同条件下不同灾害情况的分析，用于辅助应急救灾决策、灾损评估等。建模框架采用耦合方式为顶层模型中每个新创建的耦合模型自动生成程序代码，并按照模型组件的要求进行封装，形成可实际运行的模型组群。

2. 模块结构

分析模型集成框架模块结构如图9.35所示。

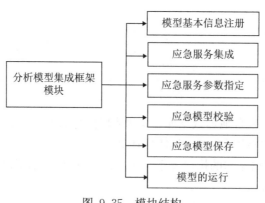

图 9.35　模块结构

（1）模型基本信息注册。应急模型的基本信息由模型名称、关键字、突发事件类型和模型描述构成。除模型描述为选填外，其余信息用户必须进行指定。

（2）应急服务集成。系统提供图形化的服务集成功能，用户通过拖拽服务树上的服务将其增加到应急模型中，通过服务链将服务关联起来，构成完整的应急模型。

（3）应急服务参数指定。对应急模型中的每个服务，用户必须指定服务输入参数的来源，包括事件参数指定、其他服务输出指定和本地数据指定三种方式。

（4）应急模型校验。对创建的应急模型，系统可以对模型服务链的正确性以及模型信息的完整性进行校验，并向用户提示错误信息。

（5）应急模型保存。对于校验通过的应急模型，用户可以将其保存到系统数据库中。

（6）模型的运行。对于已经指定数据的模型，进行实际运行。

3. 运行流程

分析模型集成框架模块的输入为突发事件基本分析模块，输出为突发事件耦合模型（图 9.36）。

图 9.36　运行流程

（1）突发事件基本分析模块。输入突发事件的基本信息，如时间、地点、类型等。

（2）分析模型集成框架模块。针对突发事件的特征，对简单分析模型进行组合，如并行、串行等。

（3）突发事件耦合模型。构建满足突发事件分析评价要求的组合模型。

4. 功能接口

本模块主要提供专业分析模型的构建环境，功能接口如图 9.37 所示。

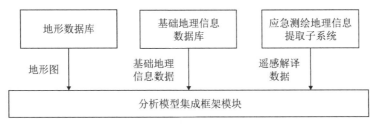

图 9.37　功能接口

本模块的数据来自地形数据库、基础地理信息数据库等，主要通过传递运行参数信息，实现数据读写功能。具体描述如下：

（1）与地形数据库间的接口关系。主要用于从地形数据库中获取基本比例尺数字高程模型数据。

（2）与基础地理信息数据库间的接口关系。主要用于从基础地理信息数据库中获取基础地理信息数据。

（3）与应急测绘地理信息提取子系统的接口关系。主要用于从该子系统中获取解译后的结果。

5. 数据内容

本模块主要是对应急测绘所获取的基础数据进行再处理。分析模型集成框架数据内容见表9.14。

表9.14   分析模型集成框架数据内容

输入数据	输出数据
灾区基础数据 突发事件的基本信息	突发事件耦合模型

9.3.9   应急测绘案例库模块

1. 模块概述

应急测绘案例库模块是非结构化空间数据库在应急测绘处理领域的延伸和拓展，由案例形式化对象、案例库管理系统、案例检索、人机交互接口等基本部分共同组成。应急测绘案例库模块将应急测绘案例库中的案例进行统一归纳，形成若干案例范式子集，模拟专家的经验分析方法、解决问题策略，为用户提供检索和利用案例的功能。

2. 模块结构

应急测绘案例库模块结构如图9.38所示。

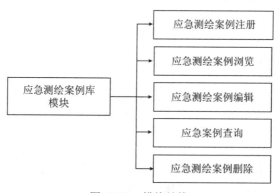

图 9.38   模块结构

（1）应急测绘案例注册。能够将已有的应急测绘案例按照标准格式录入，形成可管理的应急测绘案例数据。

（2）应急测绘案例浏览。对应急模型按照突发事件类型进行分类显示，包括突发自然灾害、事故灾难、公共卫生事件和社会安全事件四大类。用户可以选择突发事件类型来对系统中相应类型的应急测绘案例进行浏览和查看。

（3）应急测绘案例编辑。可以对系统中的应急测绘案例进行修改，包括案例的基本信息、服务逻辑组合以及输入输出参数等。

（4）应急案例查询。提供案例查询功能，允许用户通过关键词进行案例的查询。

（5）应急测绘案例删除。用户可以删除系统中的应急测绘案例。

3. 运行流程

应急测绘案例库模块输入为已发生的应急测绘案例，输出为与当前突发事件类似的应急测绘案例（图 9.39）。

图 9.39　运行流程

（1）已发生的应急测绘案例输入。能够将已发生的应急测绘案例按照标准格式录入，形成可管理的应急测绘案例数据。

（2）应急测绘案例管理。用户可以选择突发事件类型来对系统中相应类型的应急测绘案例进行浏览和查看，还可以对系统中的应急测绘案例进行修改，包括案例的基本信息、服务逻辑组合以及输入输出参数等。此外，用户可以删除系统中的应急测绘案例。

（3）应急测绘案例查询。提供案例查询功能，允许用户通过关键词进行案例的查询。

4. 功能接口

本模块主要为用户提供检索和利用案例的功能，功能接口如图 9.40 所示。

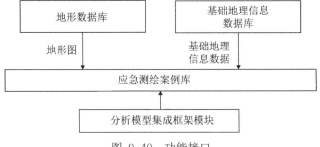

图 9.40　功能接口

本模块的数据来自地形数据库、基础地理信息数据库等，主要通过传递运行参数信息，实现数据读写功能。具体描述如下：

（1）与地形数据库间的接口关系。主要用于从地形数据库中获取基本比例尺数字高程模型数据。

（2）与基础地理信息数据库间的接口关系。主要用于从基础地理信息数据库中获取基础地理信息数据。

（3）与分析模型集成框架模块的接口关系。主要用于为分析模型集成框架模块提供案例数据支撑。

5. 数据内容

本模块主要是对应急测绘所获取的基础数据进行再处理。应急测绘案例库数据内容见表 9.15。

表 9.15   应急测绘案例库数据内容

输入数据	输出数据
突发事件属性信息	与当前突发事件类似的应急测绘案例

9.3.10   应急测绘虚拟集成环境模块

1. 模块概述

应急测绘虚拟集成环境模块在个性化制图方法的支撑下，将现有的应急测绘现状数据、历史数据以及统计报告数据，按照数据应用焦点，在展示上进行重新组合，实现对于应急测绘事件的全景式按需再现。此外，在模型库以及案例库的支撑下，实现对于应急测绘事件发展态势的直观展示。

2. 模块结构

本模块主要是对多源应急测绘现状数据，提供个性化集成展示方式，按需提供特定突发事件的信息。具体功能如图 9.41 所示。

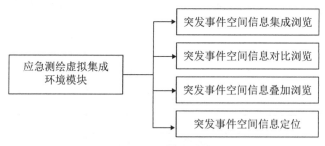

图 9.41   模块结构

（1）突发事件空间信息集成浏览。基于数据资源目录树和显示方案配置，在集成显示地图中实现放大、缩小、平移、基本点查询、比例尺设置、信息查看、测量、面绘制、地图要素选择、背景图切换和其他辅助浏览功能。

（2）突发事件空间信息对比浏览。实现对各类突发事件数据的叠加对比分析，包括卷帘分析、多窗口对比分析等。

（3）突发事件空间信息叠加浏览。能够叠加来自其他系统的 WMS、WFS、WCS、WMTS 数据服务接口；能够叠加本机地理信息数据；可以在一个窗口中展现多层图形叠加效果，并通过设置图层透明度实现对比展示。

（4）突发事件空间信息定位。提供多种方式的定位功能，包括按照行政区划定位、按照保存的书签定位、按照输入查询的图层定位、按照搜索定位等，并可以将搜索结果添加为热点，按照热点定位信息与地图实现联动定位。

3.　运行流程

应急测绘虚拟集成环境模块输入为突发事件空间信息，输出为与当前突发事件的整体空间信息集合（图 9.42）。

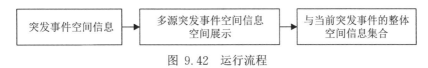

图 9.42　运行流程

（1）突发事件空间信息输入。本模块的输入主要为收集到的关于特定突发事件的所有空间信息。

（2）多源突发事件空间信息空间展示。用户可以对突发事件空间信息进行集成浏览，包括在集成显示地图中实现放大、缩小、平移、基本点查询、比例尺设置、信息查看、测量、面绘制、地图要素选择、背景图切换和其他辅助浏览功能；还可以实现对各类突发事件数据的叠加对比分析，包括卷帘分析、多窗口对比分析等；能够叠加来自其他系统的 WMS、WFS、WCS、WMTS 数据服务接口；能够叠加本机地理信息数据；可以在一个窗口中展现多层图形叠加效果，并通过设置图层透明度实现对比展示。

（3）与当前突发事件的整体空间信息集合输出。本系统的输出是将各类关于特定突发事件的信息进行集成化展示。

4.　功能接口

本模块主要是对多源应急测绘现状数据提供个性化集成展示方式，按需提供特定突发事件的信息。功能接口如图 9.43 所示。

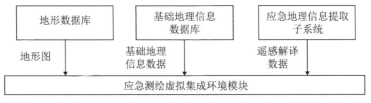

图 9.43　功能接口

本模块的数据来自地形数据库、基础地理信息数据库等，主要通过传递运行参数信息，实现数据读写功能。具体描述如下：

（1）与地形数据库间的接口关系。主要用于从地形数据库中获取基本比例尺数字高程模型数据。

（2）与基础地理信息数据库间的接口关系。主要用于从基础地理信息数据库中获取遥感解译数据。

（3）与应急地理信息提取子系统的接口关系。主要用于从该子系统中获取解译后的结果。

5. 数据内容

本模块主要是对应急测绘所获取的基础数据进行再处理。应急测绘虚拟集成环境数据内容见表 9.16。

表 9.16   应急测绘虚拟集成环境数据内容

输入数据	输出数据
突发事件属性信息	
灾区正射影像数据	
高程数据	灾区虚拟场景
重要矢量要素数据	

9.3.11   应急地理信息统计及可视化模块

1. 模块概述

应急地理信息统计及可视化模块的功能是按行政区划、灾害类型展示灾区的空间统计汇总数据，通过统计图表展现、二维电子地图展现、专题统计制图展现方式表达应急测绘空间统计信息。

2. 模块结构

应急地理信息统计及可视化模块主要包括基础地理要素基本统计、应急测绘信息扩展统计和应急空间统计信息可视化（图 9.44）。其中，基础地理要素基本统计由房屋要素基本统计、基础设施要素基本统计、灾害体基本统计组成，应急测绘信息扩展统计由受灾人口空间统计、受灾 GDP 空间统计、公共服务机构空间统计、相关企业空间统计组成，应急空间统计信息可视化由统计图表制作、二维地图展示、空间查询三部分组成。

3. 运行流程

应急地理信息统计及可视化模块的运行流程如图 9.45 所示。

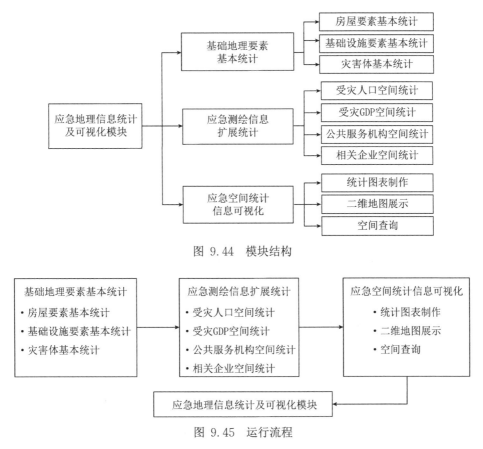

图 9.44　模块结构

图 9.45　运行流程

应急地理信息统计及可视化模块的具体技术流程如下：

（1）房屋要素基本统计按照行政区划、受损程度等多维度对房屋数量、面积进行统计；基础设施要素基本统计主要对公路、铁路等基础设施的数量、面积，按照行政区划、受损程度等多维度进行统计；灾害体基本统计主要对灾害引起的堰塞湖、滑坡、泥石流等灾害体的基本情况（数量、面积、影响范围等）按地理范围进行统计。

（2）应急测绘信息扩展统计以基础地理信息、土地利用信息、人口信息、组织机构信息以及国民经济信息为数据源，以基础地理信息为基础，按照灾区行政区划，对人口、GDP、公共服务机构和相关企业信息进行空间统计。扩展统计不仅能按照固定区域进行统计，还能实现按照地理范围实时统计，为灾后救援和灾后重建提供扩展信息。

（3）应急空间统计信息可视化。统计图表制作，通过按照行政区划及灾害类型制作饼状图、柱状图及分级图来展现应急地理信息统计信息；二维地图展示，采用二维电子地图展现灾害图斑分布、应急地理信息统计信息等；空间查询，基于二维电子地图对应急地理信息统计信息进行矩形包含查询、多边形包含查询、圆形包含查询。

4. 功能接口

本模块主要是对多源应急测绘现状数据提供统计与分析，按需提供特定突发事件的信息。功能接口如图 9.46 所示。

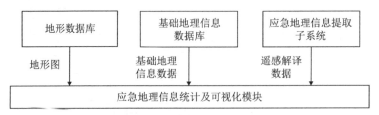

图 9.46   功能接口

本模块的数据来自地形数据库、基础地理信息数据库等，主要通过传递运行参数信息，实现数据读写功能。具体描述如下：

（1）与地形数据库间的接口关系。主要用于从地形数据库中获取基本比例尺数字高程模型数据。

（2）与基础地理信息数据库间的接口关系。主要用于从基础地理信息数据库中获取遥感解译数据。

（3）与应急地理信息提取子系统的接口关系。主要用于从该子系统中获取解译后的结果。

5. 数据内容

本模块主要是对应急测绘所获取的基础数据进行再处理。主要的数据内容为航测解译的房屋要素数据、基础设施要素数据等。应急地理信息统计及可视化数据内容见表9.17。

表 9.17   应急地理信息统计及可视化数据内容

输入数据	输出数据
航测解译的房屋要素数据、基础设施要素数据 选定区域内的人口格网、受灾 GDP 格网、公共服务机构表格、相关企业表格数据等	柱状图、直方图、表格等数据

9.3.12   应急空间信息报表报告制作模块

1. 模块概述

应急空间信息报表报告制作模块主要包括报表报告模板定制、应急空间统计报表制作、应急空间分析报告制作和报表报告输出等功能和内容。报表报告输出功能由报表报告打印预览、应急空间统计报表输出、应急测绘信息分析报告输出组成。

2. 模块结构

应急空间信息报表报告制作模块的模块结构如图9.47所示。

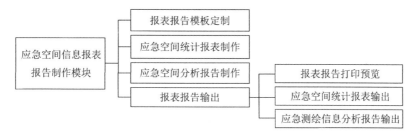

图 9.47　模块结构

（1）报表报告模板定制功能主要包括报表模板设计、报告模板设计、报告样式设计、模板管理等功能。

（2）应急空间统计报表制作功能由应急空间统计报表生成、应急空间统计报表预览及修改、应急空间统计图表制作、应急空间统计地图制作等部分组成。

（3）应急空间分析报告制作功能由应急空间分析报告生成、应急空间分析地图制作、应急空间分析报告预览及修改等组成。

（4）报表报告输出功能由报表报告打印预览、应急空间统计报表输出、应急测绘信息分析报告输出组成。

运行界面如图9.48所示。

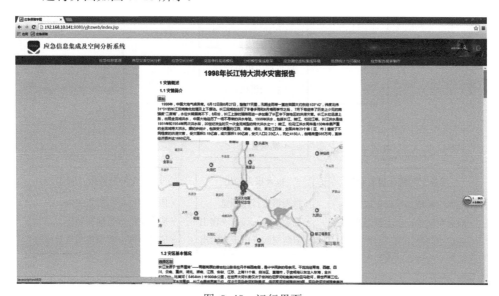

图 9.48　运行界面

3. 运行流程

本模块输入为突发事件基本属性信息,输出为突发事件应急信息报告(图9.49)。

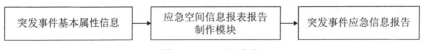

图 9.49　运行流程

下面以地震为例,阐述模块运行流程,步骤如下:

(1)导入地震灾情描述,包括灾情简介及地址、时间、灾情等级。导入方式包括手动输入和自动识别导入。自动识别导入是从文本中提取关键词信息并录入灾情描述窗口中,附上灾情发生地点地图。

(2)导入地震灾害模型分析结果图,如地震影响强度图层。

(3)导入信息统计与可视化图片和表格数据。

(4)导入灾情空间分析结果图片。

(5)导入灾情现场图片和遥感解译部分数据。

(6)导入历史灾前案例中的相关应急案例和预案。

4. 功能接口

应急空间信息报表报告制作模块主要与应急测绘专题要素空间化模块、应急救援路线分析模块存在接口关系,如图9.50所示。

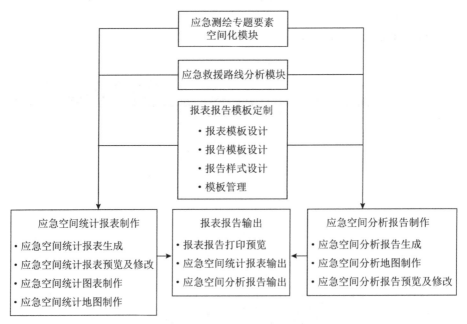

图 9.50　功能接口

具体接口关系如下：

（1）与应急测绘专题要素空间化模块的接口。应急测绘专题要素空间化模块向应急空间统计报表制作功能、应急空间分析报告制作功能提供基础数据源，主要通过传递运行参数信息，实现数据读写功能。

（2）与应急救援路线分析模块的接口。应急救援路线分析模块向应急空间统计报表制作功能、应急空间分析报告制作功能提供基础数据源，主要通过传递运行参数信息，实现数据读写功能。

（3）与报表报告模板定制功能的接口。报表报告模块定制功能向应急空间统计报表制作和应急空间分析报告制作功能提供模板。

（4）与报表报告输出功能的接口。应急空间统计报表制作功能、应急空间分析报告制作功能向报表报告输出功能提供材料即统计报表、分析报告。

5.　数据内容

本模块的主要是针对应急测绘所获取的基础数据进行再处理。应急空间信息报表报告制作数据内容见表 9.18。

表 9.18　应急空间信息报表报告制作数据内容

输入数据	输出数据
地震灾情信息（灾情简介及地址、时间、灾情等级等）	
灾情发生地点地图	
地震灾害模型分析结果图	
信息统计与可视化图片和表格数据	地震灾情报告报表
灾情空间分析结果图片	
灾情现场图片和遥感解译部分数据	
历史灾前案例中的相关应急案例和预案	

9.4　应用实例

以济南市一起危险化学品泄漏事故为例，对本书提出的方法进行应用。

发生突发事件时，用户在系统中输入事件信息进行相似案例的检索，如用户输入"2017 年 11 月 28 日上午 7 时 23 分，京台高速济南方向 475 千米处一槽罐车由于追尾发生危险化学品泄漏事故，泄漏物质为二丁醚。"

（1）对用户请求进行分词处理，分词结果为：

2017 年 /t11 月 /t28 日 /t 上午 /t7 时 /t23 分 /t, /wd 京台 /n 高速 /AE 济南 /AL 方向 /n475/m 千米 s/q 处 /n 一 /m 槽罐车 /n 由于 /c 追尾 /CD 发生 /v 危险化学品泄漏事故 /AT, /wd 泄漏 /v 物质 /n 为 /p 二丁醚 /SR。/wj

（2）对分词结果进行模式匹配，以上用户请求包括事故类型、环境、位置、危险源、致灾原因、时间六项要素，其模式匹配结果为 Query（t, AE, AL, CD, AT, SR）。

（3）对以上匹配成功的概念进行本体推理和查询扩展，填充概念对象集合。当前的查询对象集合为 {[高速]、[济南]、[追尾]、[危险化学品泄漏事故]、[二丁醚]}，经本体推理后扩展概念对象集合，将与概念具有相同语义关系的概念或以上概念的子概念等相关概念扩展到查询对象集合中，如"高速"在本体中的同义概念为"高速公路"，"二丁醚"的同义概念有"氧化二丁烷""正丁醚"等。

（4）查询扩展完成后，对案例库进行检索，将案例库中符合以上概念对象集合的案例筛选出来，通过案例筛选获得案例库中的相似案例共124个，然后对筛选出的案例分别与用户请求案例进行语义相似度计算，得到每个案例与用户请求案例的语义相似度，部分案例的语义相似度结果如表9.19所示。

表 9.19　案例相似度表

案例名称	相似度
山东滨州 38 吨危险化学品泄漏	0.791 039 198
杭州绕城货车翻车致危险化学品泄漏	0.694 823 712
京沪高速山东苍山段危险化学品泄漏	0.681 275 382
建瓯杨柏洋隧道：槽罐车遭追尾致危险化学品泄漏	0.746 533 552
海宁危险化学品槽罐车泄漏	0.670 675 77
沪杭高速危险化学品泄漏	0.670 676 997
"8·23"危险化学品泄漏	0.734 547 478
中山近 50 吨危险化学品泄漏	0.640 957 572
……	……

（5）按语义相似度的数值从高到低的顺序排列，将筛选出的案例显示给用户，如图9.51所示。

（6）用户经人工确认后选择第一条案例作为最相似案例进行模型知识复用，并选中此案例，点击查看模型即打开存储的服务链。如图9.52所示，此服务链由三个服务顺序组合而成，根据当前事故情况输入服务链运行所需的参数值，图中参数 x 表示当前事故发生地的经度坐标，参数 y 表示当前事故发生地的纬度坐标。然后进行服务链匹配检验。

（7）检验后运行模型计算服务链，得到当前事故的分析结果，将分析结果以天地图为底图可视化展示在网页中，可视化分析结果如图9.53所示。该结果能清晰直观地展示灾害的影响范围和人员疏散的路线，用于应急救援决策参考。用户可根据需求选择显示各类分析结果,同时也可对该分析结果进行空间统计,计算出灾害影响范围的面积、位置、人口数量等,并以文字的形式输出到报告中。

图 9.51　历史案例

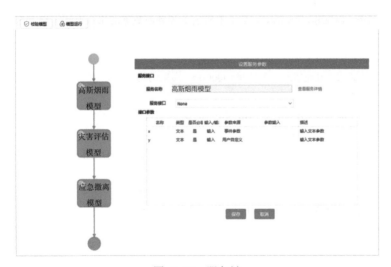

图 9.52　服务链

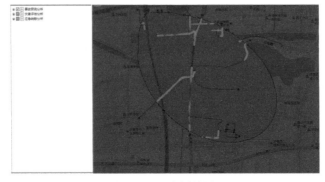

图 9.53　分析结果

参考文献

白玉琪, 2003. 空间信息搜索引擎研究 [D]. 北京：中国科学院研究生院（遥感应用研究所）.

卜晓倩, 乐鹏, 张明达, 等, 2016. 分布式多源处理集成的地学工作流脚本方法 [J]. 测绘科学, 41（10）: 159-164.

程麟生, 丑纪范, 1991. 大气数值模拟 [M]. 北京：气象出版社.

都芳浩, 朱军, 彭国强, 等, 2017. 基于 Hadoop 的应急测绘共享平台设计与开发 [J]. 测绘, 40（2）: 64-67.

杜清运, 任福, 2014. 空间信息的自然语言表达模型 [J]. 武汉大学学报（信息科学版）, 39（6）: 682-688.

杜武, 樊红, 厉剑, 2015. 模型驱动的空间信息服务组合 [J]. 测绘地理信息, 40（2）: 62-66.

杜亚朋, 雒江涛, 程克非, 等, 2018. 基于手机信令和导航数据的出行方式识别方法 [J]. 计算机应用研究, 35（8）: 2311-2314.

高杰, 2009. 深入浅出 jBPM[M]. 北京：人民邮电出版社.

高冉, 邬群勇, 2012. 地理信息服务质量（QoGIS）模型的构建研究 [J]. 测绘与空间地理信息, 35（9）: 145-147, 155.

葛长荣, 胡贵方, 俞守义, 2006. 广州市"5·10"大观路危险化学品灾害事故分析 [J]. 第三军医大学学报, 28（24）: 2483-2484.

郭辉, 曾文浩, 韩晓军, 2017. 测绘应急保障服务信息平台研究与应用 [J]. 地理空间信息, 15（10）: 5-8.

何佳, 2012. 基于 Activiti5 的 Web 管理控制台的设计与实现 [D]. 昆明：昆明理工大学.

扈中伟, 邓小勇, 郭继孚, 等, 2013. 基于手机定位数据的居民出行需求特征分析 [C]// 第八届中国智能交通年会学术委员会. 第八届中国智能交通年会优秀论文集——轨道交通. 北京：电子工业出版社: 471-479.

黄辉, 2014. 分布式异构模型组合与执行问题研究 [D]. 武汉：华中科技大学.

黄亮, 2011. 基于 BPEL 的空间信息服务组合的技术研究 [D]. 南京：南京邮电大学.

金保华, 林青, 付中举, 等, 2012. 基于 SWRL 的应急案例库的知识表示及推理方法研究 [J]. 科学技术与工程, 12（33）: 9049-9055.

景东升, 2005. 基于本体的地理空间信息语义表达和服务研究 [D]. 北京：中国科学院研究生院（遥感应用研究所）.

李朝明, 2016. 基于功能本体和 QoS 的 Web 服务组合研究 [D]. 重庆：重庆大学.

李德仁, 柳来星, 2016. 上下文感知的智慧城市空间信息服务组合 [J]. 武汉大学学报（信息科学版）, 41（7）: 853-860.

李琦, 甘杰夫, 2005. 数字城市空间信息与服务集成交换平台系统分析与设计 [J]. 计算机科学, 32（9）: 123-126.

李潇, 2009. BPMN 到 WS-CDL 的转换研究 [D]. 上海：复旦大学.

李祖芬, 于雷, 高永, 等, 2016. 基于手机信令定位数据的居民出行时空分布特征提取方法 [J]. 交通运输研究, 2 (1): 51–57.

梁晗, 陈群秀, 吴平博, 2006. 基于事件框架的信息抽取系统 [J]. 中文信息学报, 20 (2): 40–46.

廖通逵, 李琦, 殷崎栋, 等, 2010. 基于服务总线的空间信息服务集成技术研究 [J]. 遥感信息, 25 (4): 105–111.

林鸿飞, 宋丹, 杨志豪, 2006. 基于语义框架的话题跟踪方法 [C]// 中国中文信息学会. 中文信息处理前沿进展: 中国中文信息学会二十五周年学术会议论文集. 北京: 清华大学出版社: 391–400.

林星, 2011. 地理信息检索中的定性信息表达方法和检索模型研究 [D]. 北京: 北京大学.

刘吉夫, 张盼娟, 陈志芬, 等, 2008a. 我国自然灾害类应急预案评价方法研究（Ⅰ）: 完备性评价 [J]. 中国安全科学学报, 18 (2): 5–11.

刘吉夫, 朱晶晶, 张盼娟, 等, 2008b. 我国自然灾害类应急预案评价方法研究（Ⅱ）: 责任矩阵评价 [J]. 中国安全科学学报, 18 (4): 5–15.

刘小春, 周荣义, 2004. 国内化学危险品重特大典型事故分析及其预防措施 [J]. 中国安全科学学报, 14 (6): 87–91.

刘亚杰, 2013. 基于公共危机事件案例库的知识推理研究 [D]. 兰州: 兰州大学.

鲁静娴, 2012. 地方政府突发事件应急管理机制论析 [D]. 南京: 南京航空航天大学.

吕春晨, 2009. 基于 SOA 的行政执法流程管理系统的设计与实现 [D]. 沈阳: 东北大学.

闵宜仁, 2013. 发挥优势 再接再厉 继续推进应急测绘保障工作 [J]. 中国测绘 (4): 4–9.

倪晚成, 刘连臣, 吴澄, 2008. Web 服务组合方法综述 [J]. 计算机工程, 34 (4): 79–81.

钮心毅, 丁亮, 宋小冬, 2014. 基于手机数据识别上海中心城的城市空间结构 [J]. 城市规划学刊 (6): 100–106.

潘旭海, 蒋军成, 2002. 重（特）大泄漏事故统计分析及事故模式研究 [J]. 化学工业与工程, 19 (3): 248–252.

彭霞, 谢永俊, 党安荣, 2016. 面向旅游规划的空间信息服务工作流构建 [J]. 测绘科学, 41 (12): 124–129, 166.

冉斌, 2013. 手机数据在交通调查和交通规划中的应用 [J]. 城市交通, 11 (1): 72–81.

冉斌, 邱志军, 裘炜毅, 等, 2013. 大数据环境下手机定位数据在城市规划中实践 [C]// 城市时代, 协同规划: 2013 中国城市规划年会论文集（13- 规划信息化与新技术）. 青岛: 青岛出版社: 75–87.

单杰, 秦昆, 黄长青, 等, 2014. 众源地理数据处理与分析方法探讨 [J]. 武汉大学学报（信息科学版）, 39 (4): 390–396.

王佳楠, 2017. 测绘地理信息在应急测绘中的应用分析 [J]. 智能建筑与智慧城市 (5): 56–57.

王宁, 郭玮, 黄红雨, 等, 2015. 基于知识元的应急管理案例情景化表示及存储模式研究 [J]. 系统工程理论与实践, 35 (11): 2939–2949.

王艳东, 黄定磊, 罗安, 等, 2011. 利用 MDA 进行空间信息服务组合建模 [J]. 武汉大学学报（信息科学版）, 36 (5): 514–518.

王志华, 樊红, 杜武, 2012. 基于 SWRL 规则推理的空间信息服务组合 [J]. 武汉大学学报（工学版）, 45（4）: 523–528.

魏国, 杨志峰, 李玉红, 2006. 城市危险化学品事故统计分析与对策 [J]. 环境污染与防治（9）: 711–714.

吴吉红, 高辉, 2012. 基于 B+ 树的 BPEL 流程异常处理机制研究 [J]. 四川理工学院学报（自然科学版）, 25（3）: 37–42.

肖桂荣, 聂乔, 吴升, 2011. 面向物流的空间信息 Web 服务集成研究 [J]. 地球信息科学学报, 13（5）: 630–636.

徐仲之, 曲迎春, 孙黎, 等, 2017. 基于手机数据的城市人口分布感知 [J]. 电子科技大学学报, 46（1）: 126–132.

颜友军, 2013. 移动平台上基于本体知识库的问答与 Web 服务推送系统 [D]. 南京: 南京大学.

杨骏, 2007. "数字城市" 中的空间本体数据库研究 [D]. 成都: 西南交通大学.

尹杰, 万远, 杨玉忠, 等, 2015. 测绘地理信息在应急测绘中的应用 [J]. 中国应急管理（10）: 48–51.

于峰, 李向阳, 2017. 基于基因结构的复杂应急案例表示方法 [J]. 系统工程理论与实践, 37（3）: 677–690.

曾浩炜, 张骏骁, 朱庆, 2016. 基于北斗的应急测绘指挥终端设计和实现 [J]. 地理信息世界, 23（4）: 81–89.

翟丹妮, 黄卫东, 2011. 应急案例的框架表示方法研究 [J]. 计算机技术与发展, 21（7）: 9–12.

张惠, 沈亮, 李宝磊, 等, 2015. 手机数据在交通规划中的应用研究 [J]. 互联网天地（5）: 60–64.

张英菊, 仲秋雁, 叶鑫, 等, 2009. CBR 的应急案例通用表示与存储模式 [J]. 计算机工程, 35（17）: 28–30.

张哲, 2018. 基于语义相似度分析的关联数据模型研究 [D]. 北京: 北京邮电大学.

张子民, 周英, 李琦, 等, 2011. 图形化的地学耦合建模环境与原型系统设计 [J]. 地球信息科学学报, 13（1）: 48–57.

赵娟, 2009. 基于 Petri 网的语义 Web 服务过程模型匹配算法研究 [J]. 河南科学, 27（2）: 193–196.

仲秋雁, 郭素, 叶鑫, 等, 2011. 应急辅助决策中案例表示与检索方法研究 [J]. 大连理工大学学报, 51（1）: 137–142.

周治武, 赵勇, 朱秀丽, 等, 2015. 国家基础地理信息中心应急测绘保障服务现状与展望 [J]. 测绘通报（10）: 16–19.

朱良, 郭巍, 禹卫东, 2009. 合成孔径雷达卫星发展历程及趋势分析 [J]. 现代雷达, 31（4）: 329–341.

AHAS R, SILM S, JÄRV O, et al, 2010. Using mobile positioning data to model locations meaningful to users of mobile phones[J]. Journal of Urban Technology, 17(1): 3–27.

AHUJA R K, MAGNANTI T L, ORLIN J B, 2005. 网络流: 理论、算法与应用（英文版）[M]. 北京: 机械工业出版社.

AL-AREQI S, LAMPRECHT A L, MARGARIA T, 2016. Constraints-driven automatic geospatial service composition: workflows for the analysis of sea-level rise impacts[C]// International Conference on Computational Science and Its Applications 2016. Cham: Springer: 134–150.

ASAKURA Y, HATO E, 2004. Tracking survey for individual travel behaviour using mobile communication instruments[J]. Transportation Research, 12(3/4): 273–291.

ASUR S, PARTHASARATHY S, UCAR D, 2009. An event-based framework for characterizing the evolutionary behavior of interaction graphs[J]. ACM Transactions on Knowledge Discovery from Data, 3(4): 1–36.

AVVENUTI M, CRESCI S, DEL VIGNA F, et al, 2016. Impromptu crisis mapping to prioritize emergency response[J]. Computer, 49(5): 28–37.

BAHORA A S, COLLINS T C, DAVIS S C, et al, 2003. Integrated peer-to-peer applications for advanced emergency response systems. Part Ⅰ. Concept of operations[C]//IEEE Systems and Information Engineering Design Symposium. New York: IEEE: 255–260.

BELARDO S, KARWAN K R, WALLACE W A, 1984. Managing the response to disasters using microcomputers[J]. Interfaces, 14(2): 29–39.

BORST W N, 1997. Construction of engineering ontologies for knowledge sharing and reuse [D]. Enschede: University of Twente.

CALABRESE F, DI LORENZO G, LIU L A, et al, 2011. Estimating origin-destination flows using mobile phone location data[J]. IEEE Pervasive Computing, 10(4): 36–44.

CHANG N B, WEI Y L, TSENG C C, et al, 1997. The design of a GIS-based decision support system for chemical emergency preparedness and response in an urban environment[J]. Computers Environment and Urban Systems, 21(1): 67–94.

CHEN Q, XIANG Y, GUO X, et al, 2010. Survey on ontology-based case representation using rough-set[C]//2010 International Conference on Computer, Mechatronics, Control and Electronic Engineering. New York: IEEE: 301–304.

CHEN X W, MEAKER J W, ZHAN F B, 2006. Agent-based modeling and analysis of hurricane evacuation procedures for the Florida keys[J]. Natural Hazards, 38(3): 321–338.

CHOI K, LEE I, HONG J, et al, 2009. Developing a UAV-based rapid mapping system for emergency response[C]//Unmanned Systems Technology XI. New York: SPIE: 75–86.

CHURCH R L, COVA T J, 2000. Mapping evacuation risk on transportation networks using a spatial optimization model[J]. Transportation Research Part C: Emerging Technologies, 8(1/2/3/4/5/6): 321–336.

DEMISSIE M G, PHITHAKKITNUKOON S, KATTAN L, 2019. Trip distribution modeling using mobile phone data: emphasis on intra-zonal trips[J]. IEEE Transactions on Intelligent Transportation Systems, 20(7): 2605–2617.

DI L, ZHAO P, YANG W, et al, 2006. Ontology-driven automatic geospatial-processing modeling based on web-service chaining[EB/OL]. [2006–05–27]. https: //geobrain. csiss. gmu. edu/

geobrainhome/docs/estc2006. pdf.

DOTTORI F, KALAS M, SALAMON P, et al, 2017. An operational procedure for rapid flood risk assessment in Europe[J]. Nature Hazards and Earth System Sciences, 17(7): 1111–1126.

DOW K, CUTTER S L, 2002. Emerging hurricane evacuation issues: hurricane floyd and South Carolina[J]. Natural Hazards Review, 3(1): 12–18.

DYMON U J, 2003. An analysis of emergency map symbology[J]. International Journal of Emergency Management , 1(3): 227–237.

FARNAGHI M, MANSOURIAN A, 2013. Disaster planning using automated composition of semantic OGC web services: a case study in sheltering[J]. Computers Environment and Urban Systems, 41: 204–218.

FERRIGNO F, GIGLI G, FANTI R, et al, 2017. GB-InSAR monitoring and observational method for landslide emergency management: the Montaguto earthflow (AV, Italy)[J]. Nature Hazards and Earth System Sciences, 17(6): 845–860.

FIEDRICH F, GEHBAUER F, RICKERS U, 2000. Optimized resource allocation for emergency response after earthquake disasters[J]. Safety Science, 35(1/2/3): 41–57.

FORRIN N D, MACLEOD C M, 2018. Contingency proportion systematically influences contingency learning[J]. Attention, Perception and Psychophysics, 80(1): 155–165.

GALEA E R, OWEN M, LAWRENCE P J, 1996. Computer modelling of human behaviour in aircraft fire accidents[J]. Toxicology, 115(1/2/3): 63–78.

GONZÁLEZ M C, HIDALGO C A, BARABÁSI A L, 2008. Understanding individual human mobility patterns[J]. Nature, 453(7196): 779–782.

GORADIA B, PUTHANEKAR A, WALA R, et al, 2017. Data mining[J]. International Journal of Recent Trends in Engineering and Research, 3(3): 330–333.

GREENE D, DOYLE D, CUNNINGHAM P, 2010. Tracking the evolution of communities in dynamic social networks[C]//2010 International Conference on Advances in Social Networks Analysis and Mining. New York: IEEE: 176–183.

GRUBER T R, 1993. A translation approach to portable ontology specification[J]. Knowledge Acquisition, 5(2): 199–220.

GUARINO N, 1997. Understanding, building and using ontologies[J]. International Journal of Human-Computer Studies, 46(2/3): 293–310.

HINE C H, MEYERS F H, WRIGHT R W, 1970. Pulmonary changes in animals exposed to nitrogen dioxide, effects of acute exposures[J]. Toxicology and Applied Pharmacology, 16(1): 201–213.

JAIN S, MCLEAN C, 2003. A framework for modeling and simulation for emergency response [C]//2003 International Conference on Machine Learning and Cybernetics. New York: IEEE: 1068–1076.

JENNEX M, 2007. Modeling emergency response systems[C]//2007 40th Annual Hawaii International Conference on System Sciences. New York: IEEE: 27–30.

KRASNOPOLSKY V M, FOX-RABINOVITZ M S, 2006. A new synergetic paradigm in environmental numerical modeling: hybrid models combining deterministic and machine learning components[J]. Ecological Modelling, 191(1): 5–18.

LAYLAVI F, RAJABIFARD A, KALANTARI M, 2017. Event relatedness assessment of Twitter messages for emergency response[J]. Information Processing and Management, 53(1): 266–280.

LEUNG Y, MENG D Y, XU Z B, 2013. Evaluation of a spatial relationship by the concept of intrinsic spatial distance[J]. Geographical Analysis, 45(4): 380–400.

LINDELL M K, 2008. EMBLEM2: an empirically based large scale evacuation time estimate model[J]. Transportation Research Part A: Policy and Practice, 42(1): 140–154.

LIU F, JANSSENS D, WETS G, et al, 2013. Annotating mobile phone location data with activity purposes using machine learning algorithms[J]. Expert Systems with Applications, 40(8): 3299–3311.

LOU X C, YU X E, 2014. Research on emergency management methods of incident contingency in city administration[J]. Applied Mechanics and Materials, 644/645/646/647/648/649/650: 5809–5812.

PALLA G, BARABÁSI A L, VICSEK T, 2007. Quantifying social group evolution[J]. Nature, 446(7136): 664–667.

PENG G Q, YUE S S, LI Y T, et al, 2017. A procedural construction method for interactive map symbols used for disasters and emergency response[J]. ISPRS International Journal of Geo-Information, 6(4): 95–98.

PIRES T T, 2005. An approach for modeling human cognitive behavior in evacuation models[J]. Fire Safety Journal, 40(2): 177–189.

QUARANTA N, DEMARTINI A, BELLASIO R, et al, 2002. A decision support system for the simulation of industrial accidents[J]. Environmental Modelling&Software, 17(6): 497–504.

RADA R, MILI H, BICKNELL E, et al, 1989. Development and application of a metric on semantic nets[J]. IEEE Transactions on Systems, Man, and Cybernetics, 19(1): 17–30.

RATZÉ C, GILLET F, MÜLLER J P, et al, 2007. Simulation modelling of ecological hierarchies in constructive dynamical systems[J]. Ecological Complexity, 4(1/2): 13–25.

RIVEREAU J C, 1995. Spot data applied to disaster prevention and damage assessment[J]. Acta Astronautica, 35(7): 467–470.

ROCA A, GOULA X, SUSAGNA T, et al, 2006. A simplified method for vulnerability assessment of dwelling buildings and estimation of damage scenarios in Catalonia, Spain [J]. Bulletin of Earthquake Engineering, 4(2): 141–158.

ROZMAN K K, 2000. The role of time in toxicology or Haber's $c \times t$ product[J]. Toxicology, 149(1): 35–42.

SHIELDS T J, BOYCE K E, 2000. A study of evacuation from large retail stores[J]. Fire Safety Journal, 35(1): 25–49.

SHINDE S, KULKARNI U, 2017. Extended fuzzy hyperline-segment neural network with classification rule extraction[J]. Neurocomputing, 260: 79–91.

SOUTHWORTH F, 1991. Regional evacuation modeling: a state of the art review[J]. Oak Ridge National Labs, 11(5): 511–521.

STOLLBERG B, ZIPF A, 2008. OGC web processing service interface for web service orchestration: aggregating geo-processing services in a bomb threat scenario[C]//Proceedings of the 7th International Conference on Web and Wireless Geographical Information Systems. Berlin: Springer: 239–251.

STUDER R, BENJAMINS V R, FENSEL D, 1998. Knowledge engineering: principles and methods[J]. Data and knowledge engineering, 25(1/2): 161–197.

TAKAFFOLI M, RABBANY R, ZAIANE O R, 2014. Community evolution prediction in dynamic social networks[C]//2014 IEEE/ACM International Conference on Advances in Social Networks Analysis and Mining. New York: IEEE: 9–16.

TAN X C, DI L P, DENG M X, et al, 2015. Cloud-and agent-based geospatial service chain: a case study of submerged crops analysis during flooding of the Yangtze River basin[J]. IEEE Journal of Selected Topics in Applied Earth Observations and Remote Sensing, 8(3): 1359–1370.

TEN BERGE W F, ZWART A, APPELMAN L M, 1986. Concentration-time mortality response relationship of irritant and systemically acting vapours and gases[J]. Journal of Hazardous Materials, 13(3): 301–309.

THIAGARAJAN R K, SRIVASTAVA A K, PUJARI A K, et al, 2002. BPML: a process modeling language for dynamic business models[C]//4th IEEE International Workshop on Advanced Issues of E-Commerce and Web-Based Information Systems. New York: IEEE: 239–252.

TUFEKCI S, 1995. An integrated emergency management decision support system for hurricane emergencies[J]. Safety Science, 20(1): 39–48.

URBANIK T, 2000. Evacuation time estimates for nuclear power plants[J]. Journal of Hazardous Materials, 75(2/3): 165–180.

VILLA F, COSTANZA R, 2000. Design of multi-paradigm integrating modelling tools for ecological research[J]. Environmental Modelling and Software, 15(2): 169–177.

WATSON F G R, RAHMAN J M, 2004. Tarsier: a practical software framework for model development, testing and deployment[J]. Environmental Modelling and Software, 19(3): 245–260.

WU Y M, HSIAO N C, TENG T L, et al, 2002. Near real-time seismic damage assessment of the rapid reporting system[J]. Terrestrial Atmospheric and Oceanic Sciences, 13(3): 313–324.

YAMADA T, 1996. A network flow approach to a city emergency evacuation planning[J]. International Journal of Systems Science, 27(10): 931–936.

YI W, ÖZDAMAR L, 2007. A dynamic logistics coordination model for evacuation and support in disaster response activities[J]. European Journal of Operational Research, 179(3): 1177–1193.

YILDIRIM P, BIRANT D, ALPYILDIZ T, 2018. Data mining and machine learning in textile industry[J]. Wiley Interdisciplinary Reviews: Data Mining and Knowledge Discovery, 8(1): 12–28.

ZARBOUTIS N, MARMARAS N, 2007. Design of formative evacuation plans using agent-based simulation[J]. Safety Science, 45(9): 920–940.

ZENG L Z, BENATALLAH B, NGU A H H, et al, 2004. QoS-aware middleware for Web services composition[J]. IEEE Transactions on Software Engineering, 30(5): 311–327.

ZHAO L D, 1999. A new approach for modeling the occupant response to a fire in a building [J]. Journal of Fire Protection Engineering, 10(1): 28–38.